AutoUni – Schriftenreihe

Band 127

Reihe herausgegeben von/Edited by
Volkswagen Aktiengesellschaft
AutoUni

Die Volkswagen AutoUni bietet Wissenschaftlern und Promovierenden des Volkswagen Konzerns die Möglichkeit, ihre Forschungsergebnisse in Form von Monographien und Dissertationen im Rahmen der „AutoUni Schriftenreihe" kostenfrei zu veröffentlichen. Die AutoUni ist eine international tätige wissenschaftliche Einrichtung des Konzerns, die durch Forschung und Lehre aktuelles mobilitätsbezogenes Wissen auf Hochschulniveau erzeugt und vermittelt.

Die neun Institute der AutoUni decken das Fachwissen der unterschiedlichen Geschäftsbereiche ab, welches für den Erfolg des Volkswagen Konzerns unabdingbar ist. Im Fokus steht dabei die Schaffung und Verankerung von neuem Wissen und die Förderung des Wissensaustausches. Zusätzlich zu der fachlichen Weiterbildung und Vertiefung von Kompetenzen der Konzernangehörigen fördert und unterstützt die AutoUni als Partner die Doktorandinnen und Doktoranden von Volkswagen auf ihrem Weg zu einer erfolgreichen Promotion durch vielfältige Angebote – die Veröffentlichung der Dissertationen ist eines davon. Über die Veröffentlichung in der AutoUni Schriftenreihe werden die Resultate nicht nur für alle Konzernangehörigen, sondern auch für die Öffentlichkeit zugänglich.

The Volkswagen AutoUni offers scientists and PhD students of the Volkswagen Group the opportunity to publish their scientific results as monographs or doctor's theses within the "AutoUni Schriftenreihe" free of cost. The AutoUni is an international scientific educational institution of the Volkswagen Group Academy, which produces and disseminates current mobility-related knowledge through its research and tailor-made further education courses. The AutoUni's nine institutes cover the expertise of the different business units, which is indispensable for the success of the Volkswagen Group. The focus lies on the creation, anchorage and transfer of knew knowledge.

In addition to the professional expert training and the development of specialized skills and knowledge of the Volkswagen Group members, the AutoUni supports and accompanies the PhD students on their way to successful graduation through a variety of offerings. The publication of the doctor's theses is one of such offers. The publication within the AutoUni Schriftenreihe makes the results accessible to all Volkswagen Group members as well as to the public.

Reihe herausgegeben von/Edited by
Volkswagen Aktiengesellschaft
AutoUni
Brieffach 1231
D-38436 Wolfsburg
http://www.autouni.de

Weitere Bände in der Reihe http://www.springer.com/series/15136

Michael König

Verlustmechanismen in einem halbhermetischen PKW-CO$_2$-Axialkolbenverdichter

Michael König
Wolfsburg, Deutschland

Zugl.: Dissertation, Technische Universität Carolo-Wilhelmina zu Braunschweig, 2018

Die Ergebnisse, Meinungen und Schlüsse der im Rahmen der AutoUni – Schriftenreihe
veröffentlichten Doktorarbeiten sind allein die der Doktorandinnen und Doktoranden.

AutoUni – Schriftenreihe
ISBN 978-3-658-23001-2   ISBN 978-3-658-23002-9   (eBook)
https://doi.org/10.1007/978-3-658-23002-9

Die Deutsche Nationalbibliothek verzeichnet diese Publikation in der Deutschen National-
bibliografie; detaillierte bibliografische Daten sind im Internet über http://dnb.d-nb.de abrufbar.

Springer ist ein Imprint der eingetragenen Gesellschaft Springer Fachmedien Wiesbaden GmbH und
ist ein Teil von Springer Nature
Die Anschrift der Gesellschaft ist: Abraham-Lincoln-Str. 46, 65189 Wiesbaden, Germany

Verlustmechanismen in einem halbhermetischen Pkw-CO$_2$-Axialkolbenverdichter

Von der Fakultät für Maschinenbau
der Technischen Universität Carolo-Wilhelmina zu
Braunschweig

zur Erlangung der Würde eines

Doktor-Ingenieurs (Dr.-Ing.)

genehmigte DISSERTATION

von: Michael König
aus (Geburtsort):   Wolfenbüttel

eingereicht am: 07. August 2017
mündliche Prüfung am: 07. Mai 2018

Referenten: Prof. Dr.-Ing. Jürgen Köhler
                        Prof. Dr.-Ing. Peter Eilts
Vorsitzender: Prof. Dr.-Ing. Ferit Küçükay

Vorwort

Die vorliegende Arbeit entstand im Rahmen meiner Tätigkeit als Entwicklungsingenieur bei der Volkswagen AG am Standort Salzgitter im Bereich elektrifizierter Nebenaggregate.

Die wissenschaftliche Betreuung meiner Arbeit erfolgte durch Herrn Prof. Dr. Jürgen Köhler vom Institut für Thermodynamik der Technischen Universität Braunschweig. Meine besondere Hochachtung gilt Herrn Prof. Dr. Jürgen Köhler für die umfangreiche fachliche Auseinandersetzung mit den Inhalten der Arbeit. Die regelmäßig geführten Diskussionen zu den methodischen Ansätzen, Fortschritten und Ergebnissen der Arbeit stellen einen erheblichen Anteil zum Gelingen der Arbeit dar. Herrn Prof. Dr.-Ing. Eilts danke ich herzlich für die Erstellung des Zweitgutachtens. Bedanken möchte ich mich auch bei Herrn Prof. Dr. Ferit Küçükay für die Übernahme des Vorsitzes der Prüfungskommission.

Ohne die Unterstützung der Kolleginnen und Kollegen der Volkswagen AG in meiner Abteilung und auch über die Abteilung hinaus wäre die Anfertigung dieser Arbeit nicht möglich gewesen. Stefan Lieske, Dr. Julia Lemke, Michael Lüer und Mathias Müller haben mir die Anfertigung der vorliegenden Arbeit bei gleichzeitig spannender, lehr- und erkenntnisreicher Projektarbeit im Rahmen meiner Doktorandenzeit grundsätzlich ermöglicht. Eine weiterführende inhaltliche Bereicherung zur Verdichtersimulation konnte ich durch meinen sehr geschätzten Doktoranden-Kollegen Jakob Hennig sowie Christian Schneck, Florian Boseniuk, Dr. Andreas Gitt-Gehrke und Clément Scheuber erfahren. Für die Unterstützung bei der Konstruktion und dem Prototypenaufbau danke ich besonders Daniel Blasko, Felix Nowak, Oswald Gehl, Norman Welz, Anton Gugenheimer und Kevin Tauch.

Zum Gelingen der Arbeit haben weiterhin besonders die Kollegen der Fa. TLK-Thermo GmbH aus Braunschweig beigetragen. Für die Konzeption und den Betrieb eines wunderbaren Verdichterprüfstandes möchte ich besonders Mario Schlickhoff, Dr. Manuel Gräber, Sven Packheiser, Norbert Stulgies, Sergej Uhrich und André Stößel meinen Dank aussprechen. Die stets hilfreichen Anregungen und zahlreichen Diskussionen zu experimentellen Ansätzen und Untersuchungsergebnissen mit Dr. Nicholas Lemke haben einen inhaltlich großen Mehrwert für diese Arbeit geliefert. Auch haben die Diskussionen mit Dr. Nicholas Lemke im Hinblick auf die erzielten Simulationsergebnisse einen erheblichen Beitrag für eine interpretierende und gleichzeitig kritische Bewertung der erzielten Ergebnisse geleistet. Für eine umfangreiche fachkundige Unterstützung im Rahmen der Verdichtermodellerstellung danke ich besonders Dr. Sven Försterling und Dr. Christian Schulze.

Meiner lieben Familie bin ich abschließend dankbar für den dauerhaften Rückhalt, die Förderung meines Werdegangs und die fortwährende Unterstützung jeglicher Art. Für eine stetige Motivation, den liebevollen harmonischen Umgang und eine ausgewogene mentale Balance auch in schwierigen Zeiten danke ich von Herzen meiner Partnerin Nane Vollmer.

Braunschweig   Michael König

Inhaltsverzeichnis

Abbildungsverzeichnis

Tabellenverzeichnis

Symbolverzeichnis

Lateinische Formelzeichen

A	Fläche	m^2
a	Koeffizient/Grenzabweichung/Parameter	–
B	Magnetische Flussdichte	T
b	Koeffizient/Parameter	–
b	Breite	m
b	Dämpfungskonstante	$kg\,s^{-1}$
C	Korrekturfaktor	–
c	Beiwert/Parameter	–
c	Federsteifigkeit	$N\,m^{-1}$
c	Spezifische Wärmekapazität	$J\,kg^{-1}\,K^{-1}$
d	Durchmesser	m
E	Energie	J
F	Kraft	N
$\vec{F}$	Kraftvektor	N
f	Funktion	–
f	(Dreh-)Frequenz	Hz
$\dot{f}$	Frequenzänderung	$1/s^2$
$\vec{f}$	Richtungsvektor	–
H	Anzahl	–
h	Höhe	m
h	Spezifische Enthalpie	$J\,kg^{-1}$
I	(Phasen-)strom	A
$\hat{I}$	Scheitelwert des Stromes	A
i	Anzahl	–
i	Augenblickswert des Stromes	A
K_0	Besselfunktion 2. Art (0-ter Ordnung)	–
k	Erfahrungswert/Erweiterungsfaktor	–
l	(Charakteristische) Länge	m
M	Drehmoment	$N\,m$
m	Modulationsgrad/Parameter	–
m	Masse	kg
$\dot{m}$	Massenstrom	$kg\,s^{-1}$
n	Polytropenexponent/Anzahl	–
Nu	Nußelt-Zahl	–
OCR	Ölzirkulationsrate	–
P	Leistung	W
$\vec{P}$	Positionsvektor	–

$\dot{P}$	Geschwindigkeitsvektor	$1/\mathrm{s}$
p	Druck	Pa
p	Polpaaranzahl	–
Pr	Prandtl-Zahl	–
$\dot{Q}$	Wärmestrom	W
R	Widerstand	Ω
R	Wärmeleitwiderstand	$\mathrm{K\,W^{-1}}$
r	Radius	m
r	Differenzieller Widerstand	$\mathrm{V\,A^{-1}}$
r^*	Radius der neutralen Faser	m
Re	Reynolds-Zahl	–
s	Spezifische Entropie	$\mathrm{J\,K^{-1}\,kg^{-1}}$
s	Dicke	m
T	Temperatur	K
$\tilde{T}$	Mittlere Temperatur	K
t	Zeit	s
U	Phase/Erweiterte Standardmessunsicherheit	–
U	(Phasen-)spannung	V
U	Innere Energie	J
u	Länge	m
u	Standardmessunsicherheit	–
u	Augenblickswert der Spannung	V
V	Phase	–
V	Volumen	$\mathrm{m^3}$
$\dot{V}$	Volumenstrom	$\mathrm{m^3/s}$
v	Faktor	–
v	Geschwindigkeit	$\mathrm{m\,s^{-1}}$
W	Phase	–
W	Arbeit	J
w	Relative Standardmessunsicherheit	–
w	Strömungsgeschwindigkeit	$\mathrm{m\,s^{-1}}$
w	Dicke	m
x	Länge/Koordinate/Dicke	m
$\dot{x}$	Geschwindigkeit	$\mathrm{m\,s^{-1}}$
$\bar{x}$	Mittlere Geschwindigkeit	$\mathrm{m\,s^{-1}}$
$\ddot{x}$	Beschleunigung	$\mathrm{m\,s^{-2}}$
y	Länge/Koordinate	m
y	Ergebnisgröße	–
z	Zylinderanzahl	–
z	Länge/Koordinate	m

Griechische Formelzeichen

α	Neigungswinkel	rad
α	Wärmeübergangskoeffizient	$\mathrm{W\,m^{-2}\,K^{-1}}$
α	Durchflusskennzahl	–
$\dot{\alpha}$	Winkelgeschwindigkeit	$\mathrm{rad\,s^{-1}}$
$\ddot{\alpha}$	Winkelbeschleunigung	$\mathrm{rad\,s^{-2}}$
β	Korrekturfaktor	–
β	Winkel	rad
γ	(Kipp-)Winkel	rad
δ	Relativer Druckverlust(-beiwert)	–
Δ	Differenz	–
ε	Leistungszahl/Schadraumanteil/Kompressibilität/ Dehnung	–
ζ	(Druckverlust-)beiwert	–
η	Wirkungsgrad/Gütegrad	
η	Dynamische Viskosität	Pa s
κ	Isentropenexponent	–
λ	Liefergrad(-anteil)	–
λ	Wärmeleitfähigkeit	$\mathrm{W\,m^{-1}\,K^{-1}}$
μ	Zylinderfüllgrad/Reibungszahl/Leckagekoeffizient/ Schätzwert	–
μ'	Erweiterter Zylinderfüllgrad	–
ν	Kinematische Viskosität	$\mathrm{m^2\,s^{-1}}$
ξ	Empirischer Faktor	–
Π	Verdichtungsdruckverhältnis	–
ρ	Stoffdichte	$\mathrm{kg/m^3}$
$\tilde{\rho}$	Mittlere Stoffdichte	$\mathrm{kg/m^3}$
σ	Standardabweichung	–
φ	Konstante	–
φ	(Phasen-)Winkel	rad
$\dot{\varphi}$	Winkelgeschwindigkeit	$\mathrm{rad\,s^{-1}}$
$\ddot{\varphi}$	Winkelbeschleunigung	$\mathrm{rad\,s^{-2}}$
X	Hubspaltverhältnis	–
ψ	Realgasfaktor	–
ω	Massenanteil	–

Indizes

0	Referenz/drehzahlabhängig
1	Lastabhängig
a	Position/außen
A	Antrieb(-swelle)
AC	Wechselspannung
aus	Austrittszustand
B	Brücke
b	Position/Dämpfung
c	Position
char	Charakteristisch
D	Durchlass/Düse
DB	Druckbereich
DC	Gleichspannung
DC,r	Gleichspannung unter Berücksichtigung geringfügiger Wechselspannungs-anteile
Diss	Dissipation
DK	Druckkammer
DSt	Druckstutzen
DV	Druckventil
e	Position
eff	Effektiv
EF	Einführfase der Zylinderlaufbuchse
ein	Eintrittszustand
EM	Elektromotor
en	Energetisch
ers	Ersatz-
F	Druck und Temperatur/Kraft
f	Reibung/Frequenz
Fl	Flanke
G	Geschwindigkeit/Gleitstein
g	gespannt
ges	gesamt
GK	Gleitstein-Kolben-Kontakt
GT	Gleitstein-Taumelscheibe-Kontakt
GTW'	Gleitstein-Taumelscheibe-Kontakt unter Berücksichtigung der Gleitstein- und Kolbenverkippung
GW	Gleitstein-Taumelscheibe-Kontakt unter Berücksichtigung der Gleitstein-verkippung
h	Spezifische Enthalpie
Hall	Hall-Schalter
Hub	Hubvolumen
Hys	Hysterese

I	(Phasen-)Strom
i	Innen/Anzahl/Strom
id	Ideal
ind	Indiziert
IGBT	Bipolartransistor mit isolierten Gate-Elektrode
isen	Isentrop
K	Kammer(-zustand)/Kolben(-seite)
Kal	Kalibrierung
KB	Kolbenboden
Kb	Kleben
KG	Kolben-Gleitstein-Kontakt
Kl	Klemme
KM	Kältemittel
KR	Kolbenring
KV	Kontrollvolumen
L	Leckage/Lager
l	Lokal
La	Lamelle
Lang	Langzeitstabilität
LB	Zylinderlaufbuchse
LE	Leistungselektronik(-seite)
Lin	Linear
LL	Leerlauf
Lu	Luft
M	Mantelfläche/Messung/Drehmoment
m	Schwerpunkt
$\dot{m}$	Massenstrom
max	Maximal-/Grenzwert
mech	Mechanisch
mess	Messwert
n	Normal/Anzahl
Nenn	Nennwert
NH	Niederhalter
norm	Normiert
OA	Ölabscheider
OCR	Ölzirkulationsrate
Oel	Öl
OT	Oberer Totpunkt
oV	Ohne Verluste
Puls	Pulsation
p	Druck-/isobar
PTC	Kaltleiter
pv	Druck- (erweitert)
Q	Quetsch-

q	Quer
R	Widerstand
ref	Referenz
rel	Relativ
res	Resultierend
rot	Rotor
Rueck	Rückexpansion
Rueckstr	Rückströmung
S	Strahlkontraktion/Feder/Scheibe/Stoßspiel
Sa	Sättigung
SB	Saugbereich
Schad	Schadraum
SK	Saugkammer
spaet	Spätschluss
SSt	Saugstutzen
St	Stutzen(-zustand)
SV	Saugventil
SW	Schalt(-verluste)/Berechnung nach Span et al. [129, 128]
T	Spitze/Temperatur/Tangential
t	Technisch
T0	Nullpunktabweichung
TC	Kennwertabweichung
TG	Taumelscheibe-Gleitstein-Kontakt
TG'	Taumelscheibe-Gleitstein-Kontakt unter Berücksichtigung der Kolbenverkippung
TGW'	Taumelscheibe-Gleitstein-Kontakt unter Berücksichtigung der Gleitstein- und Kolbenverkippung
TK	Teilkreis
TR	Triebraum
U	Phase U
u	Ungespannt/Standardmessunsicherheit
UM	Ummagnetisierung
Umg	Umgebung
Ueh	Überhitzung/Aufheizung
V	Ventil/Verdichtung/Verlust/Volumen/Phase V
$\dot{V}$	Volumenstrom
VP	Ventilplatte
VR	Verdrängung
W	Phase W/Arbeit
Wa	Wand
x	x-Achse/Auslenkung
$\ddot{x}$	Beschleunigung in x-Richtung/Massenträgheit
y	y-Achse/Ergebnisgröße
z	z-Achse

ZB	Zylinderblock
zus	Zusatz-
Zyl	Zylinder
Δ	Differenz
η	Wirkungsgrad/Gütegrad
λ	Liefergrad
μ'	Erweiterter Zylinderfüllgrad
Π	Druckverhältnis
ρ	Stoffdichte
σ	Standardabweichung
φ	Drehwinkel
Ω	Ohm'sch
ω	Massenanteil

Abkürzungen

0D	Nulldimensional
1D	Eindimensional
3D	Dreidimensional
AC	Wechselspannung/Kühlung(-sbetrieb)
BK	Batteriekühlung(-sbetrieb)
BP	Betriebspunkt
CFD	Numerische Strömungssimulation (Computational Fluid Dynamics)
CHT	Conjugate Heat Transfer
DC	Gleichspannung
DK	Druckkammer
DMS	Dehnungsmessstreifen
EHD	Elastohydrodynamik
EW	Endwert
F	Durchfluss
FCKW	Fluorchlorkohlenwasserstoff(e)
FKW	Fluorkohlenwasserstoff(e)
FSI	Fluid-Struktur-Kopplung
Exp	Experiment
EXV	Elektronisch gesteuertes Expansionsventil
GWP	Relatives Treibhauspotenzial (Global warming potential)
H	Hand-
Hall	Hall-Schalter
HV	Hochvolt
I	Anzeige
IGBT	Bipolartransistor mit isolierter Gate-Elektrode
IWT	Interner Wärmeübertrager
k-Faktor	Dehnungsfaktor
M	(Elektro-)Motor
MKS	Mehrkörpersimulation
MOSFET	Metall-Oxid-Halbleiter-Feldeffekttransistor
MW	Messwert
NTC	Heißleiter
NV	Niedervolt
OCR	Ölzirkulationsrate
OT	Oberer Totpunkt
P	Druck
PIV	Particle Image Velocimetry
PMSM	Permanentmagneterregte Synchronmaschine
PTC	Kaltleiter
PTV	Particle Tracking Velocimetry

P	Leistung
PWM	Pulsweitenmodulation
R	Registrierung
R-I	Rohrleitung und Instrumentierung
S	Drehzahl
SiC	Siliciumcarbid
Sim	Simulation
SK	Saugkammer
T	Temperatur
TEHD	Thermo-Elastohydrodynamik
UT	Unterer Totpunkt
WP	Wärmepumpe(-nbetrieb)
X	Drehmoment
Zyl	Zylinder

Kurzfassung

In der vorliegenden Arbeit wird ein halbhermetischer, elektrisch angetriebener CO_2-Axial-kolbenverdichter in Taumelscheibenbauweise hinsichtlich auftretender Verlustmechanismen behandelt. In Erweiterung des Verständnisses von Verlusten in einem offenen, mechanisch angetriebenen Taumelscheibenverdichter wird eine theoretische Beschreibung von Verlust-phänomenen für einen elektrisch angetriebenen Taumelscheibenverdichter vorgenommen. Auf Grundlage der identifizierten Verlustgrößen wird in der Arbeit erstmalig eine umfassen-de modellbasierte und experimentelle quantifizierende Untersuchung von Verlustbeitragsgrö-ßen durchgeführt.

Unter Berücksichtigung theoretisch identifizierter, signifikanter Verlustbeiträge wird zuerst ein null- bzw. eindimensionales physikalisch motiviertes, vollständiges Verdichter-Simu-lationsmodell entwickelt. Die Ausführungen umfassen thermodynamische, strömungsme-chanische und mechanische Phänomene. In Erweiterung zu bisher bekannten Ansätzen wer-den im Gesamt-Simulationsmodell auch spezifische physikalische Phänomene der Saug-gasaufheizung berücksichtigt. Es werden Wärmeübertragungsverluste zwischen Druck- und Sauggas an der komplexen Geometrie des Ventildeckels eindimensional modelliert. Weiter-hin werden die elektrischen Leistungsverluste des Antriebsstranges durch die Leistungselek-tronik und den E-Motor beschrieben. Zur detaillierten Beschreibung der Reibungsverluste werden erstmalig geeignete Ansätze einer gemischviskositätsabhängigen Lagerreibung in einem Gesamtsimulationsmodell des Verdichters implementiert. Es werden auch erweiterte Modellierungsansätze der Gleitstein- und Kolbendynamik entwickelt. Überdies werden neue Beschreibungen der Ventilniederhalter-Steifigkeit sowie Ölklebeeffekte auf die Ventildy-namik formuliert. Die Validierung ausgewählter Teilmodelle der Kinematik und Wärmeüber-tragung erfolgt mittels höherwertiger Mehrkörper- bzw. Strömungssimulationsmodelle.

Weiterführend werden neuartige experimentelle Untersuchungsmethoden zur erweiterten Analyse der auftretenden Verlustmechanismen sowie zur (Komponenten-)Modellvalidierung und -kalibrierung entwickelt. Der Verdichtungsprozess wird durch eine synchrone Zylin-derdruckmessung (Indiziermessung) in allen Zylindern bei gleichzeitiger Korrelation des Antriebswellenwinkels mithilfe von motorintegrierten Hall-Schaltern durchgeführt. Die In-diziermessung kann damit im Vergleich zu bestehenden Ansätzen ohne Änderungen am Verdichtergehäuse und Zylinderblock erfolgen. Ergänzend werden die elektrischen Verluste der Antriebsstrang-Komponenten experimentell unter dynamischer Last ermittelt.

Eine betriebspunktabhängige, quantifizierende Bewertung ausgewählter Verlustanteile im Verdichter erfolgt anhand des validierten Simulationsmodells. Die Verluste aufgrund von Strömungsdruckverlusten im Saug- und Druckbereich des Verdichters, Druckpulsationen, Rückexpansionsverlusten sowie Wärmeübertragungsverlusten am Zylinder und der Ven-tilplatte werden aufgrund geringer Beitragsanteile in der Betrachtung vernachlässigt. Die elektrischen Verluste betragen für den relativen Verlustanteil an den beobachteten Gesamt-verlusten bei der Verwendung typischer Antriebsstrang-Komponenten von halbhermetischen

Verdichtern etwa 17 bis 45 % mit steigenden Beiträgen für sinkende Verdichterdrehzahlen. Die Reibungsverluste ergeben einen Anteil von etwa 23 bis 48 %. Für steigende Drehzahlen resultieren steigende Beiträge. Geringe Werte des relativen Verlustanteils von 1 bis 3 % lassen sich durch Wärmeübertragung am Ventildeckel des Verdichters identifizieren. Für den Verlustanteil durch Kältemittel-Leckage sind abweichende Beiträge von 2 bis 39 % mit steigenden Beiträgen für sinkende Drehzahlen und steigende Druckverhältnisse festzustellen. Durch Ventilträgheitseffekte und Strömungsdruckverluste an den Verdichterventilen ergeben sich deutlich variierende relative Beiträge von etwa 1 bis 41 % mit steigenden Anteilen für steigende Drehzahlen und sinkende Druckverhältnisse.

Abstract

In the present thesis a semi-hermetic, electrically driven CO_2-axial piston compressor in a wobble plate design for the application in electrified vehicles is discussed. Mechanisms of losses in a wobble plate compressor are treated. In addition to state of the art comprehension of loss phenomena for an open, mechanically driven wobble plate compressor an extended theoretical evaluation of losses for an electrically driven compressor is conducted. Based on a theoretical investigation of loss phenomena a full model-based and experimental quantification of losses contribution is performed first-time.

In consideration of identified significant loss contributions a physically motivated complete zero-/one-dimensional compressor simulation model is developed initially. The implemented model comprises physical descriptions of thermodynamical-, flow- and mechanical phenomena. In extension to existing approaches the complete compressor model includes physical modeling of specific phenomenons of suction gas heating. Heat transfer from hot discharge gas to suction gas at a complex valve cover geometry is one dimensionally modeled. An implementation of electrical power losses of the drive train due to power electronics and electric motor losses is also carried out. Moreover, a detailed implementation of friction losses for the bearings is presented. A suitable extended physical model approach furthermore involves effects of reduced lubricant viscosity due to solved refrigerant. This approach is applied for a complete compressor model first-time. Subsequently, new refined mathematical approaches of slide blocks and piston dynamics are developed. The influence of a limited stiffness of the retaining device as well as oil stiction impacts on valve dynamics is novelly modeled. Selected component models describing kinematics and suction gas heating in the valve cover of the compressor are validated by means of high-order multi-body and flow simulation.

Innovative experimental methods are developed for an extended precise analysis of occurring loss mechanisms as well as for consequent (component-)model validation and model calibration. The compression process is analysed by using synchronous cylinder pressure measurements in each cylinder. A simultaneous correlation of the cylinder pressure and the drive shaft angle is performed. Motor-integrated Hall switches are used for the drive shaft angle detection. By means of Hall switches a correlation of the cylinder pressure and the drive shafte angle is introduced without redesigning the compressors' housing and the cylinder block. In addition the drive train components' efficiencies are determined experimentally comprising a dynamic torque load from the compressor.

A quantification of selected losses is conducted with the aid of the validated simulation model. Minor amounts of losses due to pressure drops in the suction and discharge port of the compressor, pressure pulsations, reexpansion of gas as well as heat transfer losses in the cylinder and the valve plate are neglegted. An assessment of the electrical losses compared to the total amount of calculated losses exhibits a proportion of about 17 to 45 %. Typical components for the electrical powertrain of semi-hermetic compressors are assumend. Increasing contributions for electrical losses are detected for decreasing rotational speeds of the compressor. Losses from friction can yield a proportion of 23 to 48 %. Increasing rotational speeds show increasing relative amounts of friction losses. Losses due to heat transfer in the valve cover contribute by a small number of 1 to 3 %. A widely deviating proportion of 2 to 39 % due to refrigerant leakage is determined with increasing contributions for decreasing rotational speeds and increasing pressure ratios. Valve inertia and throttle losses of the compressor valves contribute significantly varying from 1 to 41 %. Increasing amounts of losses are identified for increasing rotational speeds and decreasing pressure ratios.

1 Einleitung

1.1 Kohlendioxid als Kältemittel

Jakob Perkins beschrieb im Jahr 1834 in seinem Patent 6662 mit dem Namen „Apparatus for Producing Cold and Cooling Fluids" erstmalig korrekt die wesentlichen Komponenten und die Funktionsweise einer Kaltdampfmaschine. Erst durch die kontinuierliche konstruktive Weiterentwicklung von Kaltdampfmaschinen durch Carl von Linde und die Verwendung des natürlichen Kältemittels Ammoniak konnten ab 1877 Kälteanlagen industriell eingesetzt werden. Neben Wasser, Propan, Kohlenwasserstoffen und weiteren natürlichen Verbindungen wurde auch Kohlendioxid (CO_2) bis Ende der 1920er Jahre als Kältemittel eingesetzt. Aufgrund der ausgezeichneten (sicherheits-)technischen und wirtschaftlichen Stoffeigenschaften von Fluorchlorkohlenwasserstoffen (FCKW) wurden die natürlichen Kältemittel jedoch ab 1928 sukzessive durch synthetische Kältemittel ersetzt [111].

Rowland und Molina stellten 1974 die Hypothese des Ozonabbaupotentials von FCKW auf [103]. Daraufhin kam es 1987 zu politischem Handeln, indem im Montrealer Protokoll vollhalogeniertes FCKW schrittweise verboten worden ist [75]. Jedoch besitzen auch alternative chlorfreie Fluorkohlenwasserstoffe (FKW) ein hohes relatives Treibhauspotential (GWP) in der Erdatmosphäre. Im Vergleich zu CO_2 besitzt beispielsweise R-134a einen etwa 1300-fach höheren GWP-Wert (bezogen auf 100 Jahre). Daher kam es auch 2006 wiederum zu politischem Handeln, indem unter anderem die Richtlinie 2006/40/EG [24] über Emissionen aus Klimaanlagen in Kraftfahrzeugen erlassen worden ist. Die Richtlinie schreibt für alle Neufahrzeuge der Klassen M1 und N1 seit 2017 ein Kältemittel mit einem GWP von weniger als 150 für Europa vor. Als Ersatzstoff für das herkömmliche Kältemittel R-134a wird von verschiedenen Automobilherstellern für Volumenmodelle bereits seit 2011 das synthetische Kältemittel R-1234yf (GWP=4, bezogen auf 100 Jahre) eingesetzt [2]. Als eine aussichtsreiche Alternative zu R-1234yf ist das natürliche Kältemittel CO_2 zu bewerten. In den späten 1980er Jahren wurde CO_2 erneut von Lorentzen [47] als geeignetes Kältemittel für transkritische Kältekreisläufe und Wärmepumpenanwendungen diskutiert. Im Anschluss daran sind umfangreiche Entwicklungsaktivitäten zur Optimierung von CO_2-Anlagen für verschiedene Anwendungsszenarien unternommen worden [50, 17, 18, 136]. Samer [118] beschreibt bereits 2005 die umfangreiche industrielle Nutzung von stationären CO_2-Kälteanlagen, insbesondere in skandinavischen Supermärkten.

Das Kältemittel CO_2 ist neben der Anwendung in stationären Anlagen auch für die Fahrzeugindustrie für mobile Anwendungen aufgrund seiner geeigneten thermophysikalischen Eigenschaften, der Nichtbrennbarkeit, der Intoxizität und der geringen Kosten von großer Bedeutung. Speziell zeichnet sich CO_2 durch eine verhältnismäßig hohe volumetrische Kälteleistung, hohe Wärmeübergangskoeffizienten und ein niedriges Verdichtungsdruckverhältnis aus. CO_2-Klimaanlagen ermöglichen auch einen Wärmepumpenbetrieb bei sehr niedrigen Umgebungstemperaturen bis zu $-30\,°C$ bei einem gleichzeitig geringen Verdichterhub-

© Springer Fachmedien Wiesbaden GmbH, ein Teil von Springer Nature 2018
M. König, *Verlustmechanismen in einem halbhermetischen
PKW-CO$_2$-Axialkolbenverdichter*, AutoUni – Schriftenreihe 127,
https://doi.org/10.1007/978-3-658-23002-9_1

volumen. Verschiedene Automobilhersteller und Automobilzulieferer haben die Funktiona-
lität und eine hohe Effizienz von mobilen transkritischen CO_2-Klimaanlagen bei gemäßigten
Klimabedingungen und niedrigen Umgebungstemperaturen bereits mehrfach nachgewiesen
[143, 142, 59, 54].

1.2 Forschungsbedarfe für die Fahrzeugklimatisierung mit CO_2

Zur Erreichung eines mittleren Flottenausstoßes ab 2020 von weniger als 95 g CO_2 pro km
nach EG-Verordnung 443/2009 [25] werden Fahrzeuge zunehmend mit elektrifiziertem Fahr-
zeugantriebsstrang ausgerüstet. Damit ergibt sich auch der Bedarf elektrisch angetriebener Verdichter. Im Hinblick auf die begrenzte Speicherkapazität von Traktionsbatterien in
Hybrid- und Elektrofahrzeugen sowie die damit einhergehende Reichweiteneinschränkung
werden besondere Ansprüche an die Effizienz von Pkw-Klimaanlagen gestellt. Der Kältemittelverdichter bietet als arbeitleistende Komponente einer CO_2-Klimaanlage ein wesentliches energetisches Optimierungspotential [74, 56, 43]. Eine energetische Optimierung
elektrisch angetriebener Verdichter erfordert ein tiefgründiges Verständnis der zugrunde
liegenden physikalischen Verlustmechanismen.

Die in Hubkolbenverdichtern auftretenden Verlustmechanismen sind systematisch bereits
in einer Schrift von Frenkel [44] aus dem Jahr 1969 und später von Böswirth [12] im
Jahr 1994 analysiert worden. Auch Groth [51], Fagerli [39] und Försterling [43] geben
einen guten Überblick über die in einem Hubkolbenverdichter auftretenden Verlustmechanismen. Im Hinblick auf elektrisch angetriebene Pkw-Kältemittelverdichter sind die elektrischen Verluste in bekannten Verlustmechanismen-Betrachtungen nicht ausführlich behandelt worden. Ausschließlich Fagerli [39] beschreibt für einen elektrisch angetriebenen
CO_2-Verdichter für stationäre Anwendungen verschiedene Leistungs- und Fördermassen-
stromverluste anhand eines Verdichter-Simulationsmodells. Baumgart [7] stellt weiterhin
die Reibleistungsanteile für einen offenen, mechanisch angetriebenen R-134a-Kältemittel-
verdichter in Taumelscheibenbauweise in das Verhältnis zu den Gesamt-Reibleistungsver-
lusten. Beide Ergebnisse erlauben jedoch keine Rückschlüsse und erheben keinen Anspruch
auf Vollständigkeit der simulativen und experimentellen Quantifizierung von Verlustanteilen
für elektrisch angetriebene Verdichter in CO_2-Pkw-Klimaanlagen. Eine quantitative systematische Bewertung des Einflusses signifikanter Verlustanteile im Hinblick auf die Gesamtver-
luste elektrisch angetriebener Kolbenverdichter für Pkw-Klimaanlagen wurde nach Mei-
nung des Autors zum Zeitpunkt der Anfertigung der Arbeit lediglich in begrenztem Umfang
durchgeführt.

Ein geeigneter Ansatz zur Beschreibung der inneren Verluste eines Verdichters ist die Verdichtersimulation. Null- und eindimensionale (0D-/1D-) Modelle zur Verdichtersimulation
finden aufgrund ihrer vergleichsweise geringen Berechnungsdauer häufig Anwendung. Zugleich erfolgt die Beschreibung wesentlicher physikalischer Wirkzusammenhänge in hinreichender Qualität. Prakash und Singh [112], Touber [138], Kaiser [76], Hafner und Gaspersic
[53], Süß [74], Försterling [43], Magzalci [98], Cavalcante [15] sowie Yang und Zhao [146]

verwenden diesen Ansatz zur Untersuchung ausgewählter Zusammenhänge für mechanisch angetriebene Verdichter.

Fagerli [39] betrachtet für einen elektrisch angetriebenen CO_2-Hubkolbenverdichter auch die elektrischen Verlusten des E-Motors anhand eines semi-empirischen Modells. Pérez-Segarra et al. [109] entwickeln ebenso einen wirkungsgradbasierten Modellansatz zur Beschreibung der Abwärmeverluste des E-Motors für einen elektrisch angetriebenen Verdichter. Eine vollständige modellbasierte Beschreibung der Abwärmeverluste des elektrischen Antriebes von halbhermetischen Verdichtern – auch unter Berücksichtigung der Verluste des Wechselrichters bzw. der Leistungselektronik – ist bisher in der Literatur nicht zu finden.

Zur modellbasierten Bewertung der Sauggasaufheizungsverluste durch Wärmeübertragung zwischen dem Druck- und Sauggas des Verdichters existieren verschiedene semi-empirische Ansätze (vgl. [102, 23, 137, 28]) sowie Ansätze der numerischen Strömungssimulation (vgl. [46, 89, 104]). Ooi [105] stellt auch geeignete Beziehungen zur analytischen Beschreibung der Wärmeübergangsbedingungen zwischen Druck- und Sauggas auf. Dabei verwendet Ooi bekannte Abhängigkeiten zur Beschreibung der Wärmeübertragung. Für turbulente Strömungsbedingungen bei komplexeren, nicht trivialen Geometrien der Druck- und Saugkammer des Verdichters sind angepasste Modellierungsansätze notwendig

Die Kinematik und die Reibungsverluste von Taumelscheibenmaschinen sind von Cavalcante [15], Baumgart [7], Silva und Deschamps [126], Ivantysynova und Baker [70], Ivantysyn und Ivantysyn und Ivantysynova [69], Manring et al. [99], Bebber [8] sowie Jeong und Kim [71] anhand von mathematischen Modellen detailliert beschrieben worden. Die aufgeführten Ansätze berücksichtigen keine reibungsbehaftete Bewegung des Gleitsteins und des Kolbens orthogonal zur Antriebswelle des Verdichters. Bei der Beschreibung von Lagerreibungsverlusten im Triebraum des Verdichters wurde auch der Einfluss von gelöstem Kältemittel bisher nicht betrachtet (vgl. [7, 78]).

Die Charakteristik der Ventilverluste selbsttätiger Ventile ist anhand von Komponentenuntersuchungen auch experimentell von Christian [21], Frenkel [44], Touber [138], Böswirth [12] und Magzalci [98] bewertet worden. Touber [138], Försterling [43], Böswirth [12] und Baumgart [7] zeigen auch geeignete Ansätze zur Ventilmodellierung auf. Der Einfluss der endlichen Steifigkeit von Niederhaltern auf die Ventildynamik bei hohen Druckdifferenzen ist bisher nicht betrachtet worden. Der Einfluss der Ölklebekraft auf die Ventildynamik ist unter anderem von Böswirth [11, 12], Joo et al. [72] und Pizarro-Recabarren et al. [110] bereits untersucht, jedoch nicht innerhalb eines physikalisch motivierten, vollständigen Verdichter-Gesamtmodells analysiert worden.

Im Rahmen der Arbeiten von Kaiser [76], Süß [74], Fagerli [39], Försterling [43] und Magzalci [98] sind auch umfangreiche experimentelle Untersuchungen an mechanisch angetriebenen Hubkolbenverdichtern mit dem Kältemittel CO_2 durchgeführt worden. Bestehende experimentelle Untersuchungsmethoden für offene und halbhermetische Verdichter anhand von Zylinderdruckmessungen (Indiziermessungen) ermöglichen die Zylinderdruck-Drehwinkelkorrelation stets mithilfe einer externen Wellendurchführung (vgl. [138, 74, 39, 56,

43]). Magzalci [98] zeigt ein Verfahren einer direkten Totpunkt-Lagebestimmung am ange-schrägten Kolben auf. Es existiert bisher kein geeignetes experimentelles Verfahren zur In-dizierung eines (halb-)hermetischen Verdichters ohne eine notwendige konstruktive Anpas-sung des Verdichtergehäuses bzw. des Zylinderblocks.

Verbreitete Wirkungsgradmessungen an Leistungselektroniken und E-Motoren werden stets unter konstanten Lastbedingungen bei konstantem Drehmoment durchgeführt (vgl. [10, 77]). Die spezifische Wirkungsgrad-Charakteristik der Komponenten des elektrischen Antriebs-stranges unter Berücksichtigung von Drehmoment-Ungleichförmigkeiten durch die sequen-zielle Verdichtungsabfolge ist bisher nicht experimentell untersucht worden.

1.3 Ziele der Arbeit

Zur Bewältigung der zuvor aufgeführten Forschungsbedarfe wird in der vorliegenden Arbeit eine umfassende qualitative und quantitative Bewertung von Verlustbeiträgen vorgenom-men. Dazu wird ein halbhermetischer, elektrisch angetriebener Pkw-CO_2-Kältemittelver-dichter in Taumelscheibenbauweise betrachtet. Die Zielsetzung der Arbeit umfasst die fol-genden wesentlichen Ansätze:

- Systematische theoretische Identifikation von Verlustmechanismen in einem halbhermeti-schen Taumelscheibenverdichter

- Physikalisch motivierte, vollständige 0D-/1D-Modellierung eines Taumelscheibenverdich-ters mit Beschreibungsansätzen der identifizierten Verlustbeiträge

- Experimentelle Charakterisierung des Verdichters anhand von Indizier-, Leistungs- und Komponentenmessungen

- Validierung und Kalibrierung des 0D-/1D-Simulationsmodells anhand von experimen-tellen Untersuchungsergebnissen

- Validierung ausgewählter Teilmodelle des 0D-/1D-Simulationsmodells anhand von höher-wertigen mehrdimensionalen Simulationsmodellen

- Simulationsbasierte Quantifizierung ausgewählter Verlustbeitragsgrößen

1.4 Aufbau der Arbeit

In Kapitel 2 werden zuerst – basierend auf den Systemanforderungen für Pkw-CO_2-Anla-gen – zwei aussichtsreiche Verdichterbauarten nach dem Arbeitsprinzip der Verdrängung betrachtet. Auf Grundlage des Prinzips eines halbhermetischen Axialkolbenverdichters in Taumelscheibenbauweise werden wesentliche physikalische Verlustphänomene identifiziert und beschrieben.

Mithilfe von mathematischen Beschreibungsansätzen wird in Kapitel 3 ein physikalisch motiviertes, vollständiges 0D-/1D-Simulationsmodell für einen elektrisch angetriebenen Taumelscheibenverdichter entwickelt. Es werden thermodynamische, strömungsmechanische und mechanische Phänomene modelliert. Dazu wird die Programmiersprache Modelica verwendet.

Für eine experimentelle Charakterisierung des Verdichtungsverhaltens und der Verdichtereffizienz wird in Kapitel 4 die zugrunde liegende Methodik der Verdichterindizierung und der Leistungsmessung am Verdichter beschrieben. Der experimentelle Ansatz zur Leistungsmessung an den elektrischen Antriebsstrang-Komponenten des Verdichters wird ebenso dargestellt.

Kapitel 5 gibt eine Übersicht der erzielten experimentellen Ergebnisse der Indiziermessungen, der Leistungsmessungen am Verdichter und der Leistungsmessungen am elektrischen Antrieb. Die Messergebnisse werden unter Berücksichtigung der spezifischen Messunsicherheiten der experimentellen Untersuchungsansätze für eine Verdichterdrehzahl-, eine Verdichtungsdruckverhältnis- und eine Ölumlaufraten-Variation aufgeführt.

Mittels höherwertiger Simulationsmodelle erfolgt in Kapitel 6 zunächst eine Validierung ausgewählter Teilmodelle des Gesamt-Verdichtermodells. Weiterhin erfolgt eine Validierung des Gesamt-Simulationsmodells anhand von experimentellen Untersuchungsergebnissen der Indizier- und Leistungsmessungen am Verdichter.

Abschließend wird in Kapitel 7 auf Basis des entwickelten Verdichtermodells eine quantitative Beschreibung wesentlicher Verlusteinflussgrößen vorgestellt. Die Verlustanteile werden anhand der äußeren Bewertungskenngröße des Klemmengütegrades bewertet. Die Anteile werden in Abhängigkeit von der Verdichterdrehzahl und des Verdichtungsdruckverhältnisses diskutiert.

Zusammenfassend erfolgt in Kapitel 8 eine Abhandlung der wesentlichen Inhalte und Ergebnisse der vorliegenden Arbeit. Es wird ebenso eine mögliche innovative Weiterentwicklung ausgewählter Komponenten eines halbhermetischen CO_2-Taumelscheibenverdichters für automobile Anwendungen beschrieben.

2 Grundlagen zur Untersuchung von Verlustmechanismen im Verdichter

In den nachstehenden Abschnitten werden zunächst die Anlagenverschaltung für typische Pkw-Klimaanlagen und aussichtsreiche Verdichterbauarten für die Verwendung des Kältemittels CO_2 aufgezeigt. Anschließend werden auf Basis der Charakteristik eines halbhermetischen, elektrisch angetriebenen Axialkolbenverdichters in Taumelscheibenbauweise relevante Verlustmechanismen identifiziert und die wesentlichen Einflussgrößen beschrieben. Es werden am Ende des Kapitels geeignete Verdichter-Bewertungskenngrößen für die Leistungsbewertung von elektrisch angetriebenen Verdichtern formuliert.

2.1 Anlagenverschaltung für eine Pkw-CO2-Klimaanlage

Die für Fahrzeugklimaanlagen im Falla des Kühl- (AC), Wärmepumpen- (WP) und Batteriekühlungsbetriebes (BK) infrage kommenden Anlagenverschaltungen ergeben sich auf der Basis verschiedener technischer Randbedingungen. Ein besonderes Augenmerk ist dabei auf die geeignete Verschaltung der Komponenten des Kältekreislaufes zu legen. Aus Kosten- und Bauraumgründen ist eine geringe Anzahl kompakter und leichter Komponenten für den Kältekreis zu bevorzugen. Weiterhin wird zur Reichweitenmaximierung von elektrifizierten Fahrzeugen eine optimale Anlageneffizienz gefordert. Im Vergleich zu konventionellen R-1234yf- und R-134a-Systemen zeigen einfache CO_2-Klimaanlagen nach dem Prinzip des Kaltdampfprozesses – bestehend aus den Komponenten Verdichter, Gaskühler, Expansionsorgan und Verdampfer – bei hohen Rückkühltemperaturen eine verminderte Kälteleistungszahl [43]. Heyl [56], Brown et al. [13], Aprea et al. [5] und Försterling [43] zeigen für Kältekreisläufe mit dem Arbeitsfluid CO_2 übereinstimmend, dass sich durch die Integration eines internen Wärmeübertragers in den Kältekreislauf auch für das Kältemittel CO_2 gesteigerte Kälteleistungszahlen erreichen lassen. Für niedrige Rückkühltemperaturen können sich für eine Systemkonfiguration mit internem Wärmeübertrager geringere Kälteleistungszahlen ergeben [108]. Försterling [43] und Reichelt [115] beschreiben die Systemeigenschaften verschiedener Verschaltungsvarianten von Kältemittel-Sammlern in einstufigen CO_2-Kältekreisläufen. Für mobile Systeme werden auch Verschaltungsvarianten ohne Sammler betrachtet [127]. Perez-Garcia et al. [108] zeigen weiterhin eine verbesserte Systemeffizienz unter Berücksichtigung einer Turbine als Expansionsorgan zur Verringerung der exergetischen Verluste. Als eine unter Kosten- und Effizienzgesichtspunkten aussichtsreiche Systemverschaltung hat sich die in Abbildung 2.1 gezeigte vereinfachte Systemkonfiguration einer CO_2-Klimaanlage mit internem Wärmeübertrager und niederdruckseitigem Sammler erwiesen. Itoh et al. [68], Liu et al. [95], Raiser [114] und Bockholt [9] bevorzugen diese Verschaltung übereinstimmend für Fahrzeuganwendungen.

Ein niederdruckseitiger Sammler mit Ölrückführungsbohrung trägt dazu bei, die Verlagerung des Schmieröls vom Verdichter in den Sammler zu begrenzen. Durch eine definierte

© Springer Fachmedien Wiesbaden GmbH, ein Teil von Springer Nature 2018
M. König, *Verlustmechanismen in einem halbhermetischen PKW-CO2-Axialkolbenverdichter*, AutoUni – Schriftenreihe 127,
https://doi.org/10.1007/978-3-658-23002-9_2

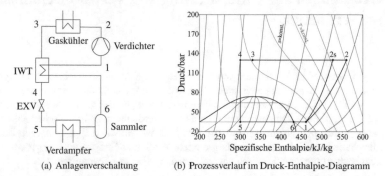

(a) Anlagenverschaltung   (b) Prozessverlauf im Druck-Enthalpie-Diagramm

Abbildung 2.1: Schema einer möglichen Anlagenverschaltung mit IWT=Interner Wärmeübertrager und EXV=Elektronisches Expansionsventil (links) sowie Darstellung eines idealen überkritischen Prozessverlaufes (für die Verdichtung auch mit realem Prozessverlauf) für eine PKW-CO$_2$-Klimaanlage (rechts)

Absaugung der Ölphase aus dem Sammler in den Verdichter erfolgt eine definierte Ölrückführung in den Verdichter. Der niederdruckseitige Sammler besitzt weiterhin die Eigenschaft der Phasentrennung des gasförmigen und flüssigen Kältemittels nach Verdampferaustritt zur Vermeidung von Flüssigkeitsschlägen im Verdichter. Niederdruckseitige Sammler verfügen auch bei verschiedenen Kältemittelfüllmengen im Kreislauf über eine Charakteristik der Einstellung eines festen Austritts-Dampfgehaltes, sodass die wesentliche Sauggasüberhitzung im nachgeschalteten internen Wärmeübertrager stattfindet. Für die Leistungszahl eines Kaltdampfprozesses gilt das Verhältnis des spezifischen aufgenommen Wärmestromes am Verdampfer zur aufgewendeten spezifischen Verdichterarbeit

$$\varepsilon = \frac{h_6 - h_5}{h_2 - h_1}. \qquad (2.1)$$

Neben der Systemkonfiguration eines Kältekreislaufes verfügen die Komponenten des Kreislaufes und dabei insbesondere der Kältemittelverdichter über einen erheblichen Einfluss auf die Systemeffizienz. Zur Optimierung der Leistungszahl eines Kältekreislaufes ergibt sich der Bedarf einer minimalen spezifischen Verdichterarbeit. Ein zumeist signifikanter Mehraufwand der Verdichterarbeit durch Verluste im realen Verdichtungsprozess (1-2) im Vergleich zu einem adiabat isentropen Verdichtungsprozess (1-2s) verdeutlicht das energetische Optimierungspotential für Kältemittelverdichter (vgl. Abbildung 2.1).

2.2 Verdichterbauarten

Abbildung 2.2 zeigt verschiedene Verdichterbauarten in Abhängigkeit vom Arbeitsprinzip, von der Bewegungsart und von der spezifischen Ausführung der beweglichen Einheit. Im

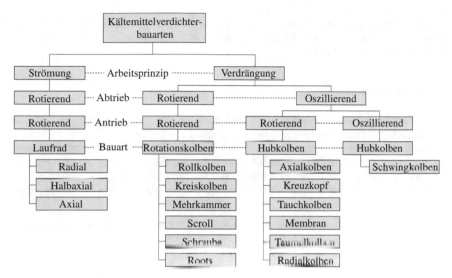

Abbildung 2.2: Kältemittelverdichter-Bauarten nach Kaiser [76] und Süß [74]

Hinblick auf die Bauart von Kältemittelverdichtern für mobile Anwendungen mit dem Kältemittel CO_2 sind von verschiedenen Autoren zunächst von Kaiser [76] und später von Köhler et al. [83, 82], Süß [74], Parsch und Brunsch [106] sowie Magzalci [98] Entwicklungen von offenen, mechanisch angetriebenen Verdichtern nach dem Hubkolbenprinzip erfolgt. Weiterhin sind in den vergangenen Jahren (halb-)hermetische, elektrisch angetriebene Verdichter für die Fahrzeugklimatisierung mit dem Kältemittel CO_2 nach dem Scroll-Prinzip entwickelt worden [131, 68]. Für stationäre Anwendungen wurden wiederum einerseits Kältemittelverdichter nach dem klassischen Hubkolbenprinzip (vgl. [39, 16, 62, 63, 130]) und andererseits in den letzten Jahren auch nach dem Scroll-Prinzip (vgl. [147, 58]) entwickelt. Ein wesentliches Kriterium für die Auswahl eines geeigneten Verdichtungsprinzips für Kältemittelverdichter ergibt sich aus den geforderten System-Betriebsrandbedingungen für den Kühl-, Wärmepumpen- und Batteriekühlungsbetrieb.

Für eine einstufige Verdichtung mit Verdichtungsdruckverhältnissen von größer als zwei – wie diese typischerweise im Kühl- und Wärmepumpenbetrieb der Klimaanlage auftreten – eignen sich Verdichter nach dem Verdrängungsprinzip, da diese zumeist eine bessere Abdichtung der sich bewegenden Einheit zur feststehenden Einheit erlauben. Bei Verdichtern nach dem Strömungsprinzip ergeben sich für Pkw-kompatible Baugrößen durch vergleichsweise hohe relative Spaltanteile zwischen dem Laufrad und der Leiteinrichtung des Verdichters hohe Kältemittel-Leckageverluste. Für die Anwendung von Kältemittelverdichtern in Kraftfahrzeugen kommen insbesondere rotierende Hubkolben- und Rotationskolbenverdichter infrage. Shah [125] beziffert die Marktanteile von hubraumgeregelten Hubkolbenverdichtern zu etwa 80 % und rotierenden Verdichtern nach dem Scroll- oder Rollkolbenprinzip zu etwa 20 %. Im Zusammenhang der Anwendung von CO_2 als Kältemittel in Pkw-Klimaanlagen werden im Folgenden die aussichtsreichen Bauarten eines Scroll- und Hubkolbenverdichters näher betrachtet.

2.2.1 Scrollverdichter

Das Konzept eines Scrollverdichters ist 1905 von Leon Creux patentiert worden [22]. Der Verdichtungsraum des Scrollverdichters besteht aus zwei Spiralen, welche sich gegenläufig zueinander umkreisen. Die Scrolls schließen jeweils zwei gegenüberliegende sichelförmige Gastaschen ein, welche von außen nach innen bewegend Gas verdichten. Eine der Spiralen ist feststehend und eine der Spiralen orbitierend [75]. Für das Kältemittel R-1234yf, R-134a sowie R-744 (CO_2) haben Scrollverdichter bereits Einzug in automobile Anwendungen gefunden.

Aufgrund der spezifischen Verdrängergeometrie und -kinematik ergibt sich bei Scrollverdichtern eine besondere Herausforderung im Hinblick auf die Abdichtung der Scrolls zueinander. Verschiedene Autoren wie Ishii et al. [67], Lemort et al. [94], Cho et al. [20] und Youn et al. [150] haben sich mit der Beschreibung von Spaltleckage in Scroll-Verdichtern bereits auseinandergesetzt. Insbesondere bei der Verwendung von Scrollverdichtern für Anwendungen mit dem Kältemittel CO_2 bestimmt die Spaltleckage maßgeblich die Verdichtereffizienz [39, 149]. Scrollverdichter bieten den prinzipbedingten Nachteil vergleichsweise großer radialer und axialer Dichtflächen. Bei Scrollverdichtern wird zwischen der radialen und axialen Spaltleckage unterschieden [3, 14, 39], vgl. Abbildung 2.3.

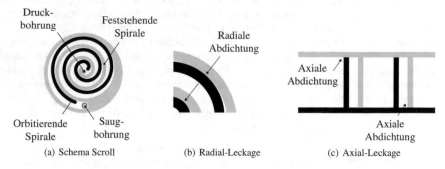

(a) Schema Scroll   (b) Radial-Leckage   (c) Axial-Leckage

Abbildung 2.3: Schema und Leckagepfade eines Scrollverdichters (links: Gesamtschnittansicht der Verdrängereinheit, mittig: Radialdichtung, rechts: Axialdichtung)

Bei Scrollverdichtern wird zwischen Systemen mit radialer und axialer Verstellbarkeit sowie Systemen ohne radiale und axiale Verstellbarkeit unterschieden. Moderne Systeme erlauben durch eine kraft- oder weggesteuerte Verstellkinematik den radialen Ausgleich der Scrolls zueinander. Eine zusätzliche radiale Abdichtung der Scrolls zueinander kann durch eine geeignete Wahl der Viskositätsklasse des Schmierstoffs erreicht werden. Für Flüssigkeitsanläufe oder auch eine dauerhafte Ansaugung von flüssigen Bestandteilen kann bei geeigneter

Verdichterauslegung der orbitierende Bewegungsradius aufgrund von zusätzlichen Tangentialkräften selbsttätig angepasst werden. Für den Betrieb des Verdichters ohne nennenswerte Flüssigkeitsanteile wird der orbitierende Radius aufgrund der Zentrifugalkraft maximiert, um eine minimale radiale Spaltleckage zu ermöglichen. Die axiale Leckage kann konstruktiv durch Dichtleisten in den Scroll-Stegen (axial) und eine axiale aktive Anpressung der Scrolls gegeneinander verbessert werden [121, 79]. Als Führungsmechanismus für den orbitierenden Scroll eignen sich verschiedene Ansätze [121, 85, 148]:

- Oldhamring

- Stiftführung

- Kurbelführung

- Wälzlagerführung

Als Steuerorgan für die Trennung der Saug- und Hochdruckseite vom Verdichtungsraum können grundsätzlich zwei Arten unterschieden werden [138, 43]:

- Zwangsgesteuerte Ventile (wegabhängig)

- Selbsttätige Ventile (druckabhängig)

Scrollverdichter besitzen typischerweise keine Saugventile, da das Gas im äußeren Bereich der Scrolls selbsttätig angesaugt und abgedichtet wird. Bei Scrollverdichtern werden zumindest ein bis drei selbsttätige Druckventile im Hochdruckbereich eingesetzt. Bei der Verwendung von mehr als einem Druckventil durch zusätzliche, nichtzentrisch vorgelagerte Druckventile in den Kammern kann in den umlaufenden Gastaschen eine Überkompression vermieden werden.

2.2.2 Hubkolbenverdichter

Das bewährte Prinzip des Hubkolbenverdichters findet bereits überwiegend seit den 1950er Jahren Anwendung in der Pkw-Klimatisierung [125]. In Bezug auf die Verwendung von offenen, mechanisch angetriebenen Hubkolbenverdichtern für die Klimatisierung von Fahrzeugen mit dem Kältemittel CO_2 finden bisher insbesondere Tauchkolben- und Axialkolbenverdichter Anwendung. Süß [74], Sonnekalb [127] und Försterling [43] beschreiben ausführlich den Einsatz von Tauchkolbenverdichtern für die Busklimatisierung. Magzalci [98], Aarlien et al. [1], Försterling [43], Parsch und Brunsch [106] sowie Jorgensen [73] erwähnen Konstruktionen und Untersuchungen zu Axialkolbenverdichtern für den Einsatz in Pkws. Auch Radialkolbenverdichter verschiedener Bauweisen haben bereits Einzug in die Anwendung mit dem Kältemittel CO_2 für stationäre und mobile Systeme gefunden [46, 76, 43].

Hubkolbenverdichter besitzen im Vergleich zu Scrollverdichtern den Vorteil, dass der hochbelastete Verdichtungs- bzw. Zylinderraum mit vergleichsweise kleiner kreisförmiger Dichtfläche zur Vermeidung von Leckageverlusten ausgeführt werden kann. Der Zylinderraum wird dabei üblicherweise durch einen oder mehrere Kolbenringe, als glatte Kolben-Buchse-Führung oder mit Ringnuten sowie über Ventile gedichtet. Die Ansaugung des Gases kann durch ein oder mehrere selbsttätige Ventile über eine Saugkammer oder direkt über den Triebraum erfolgen. Bei der Ansaugung des Kältemittels in den Zylinderraum über den Triebraum kann die Aufheizung des Sauggases durch geeignete Strömungsführung verringert werden [46]. Die Integration des Saugventils kann konstruktiv in Abhängigkeit von der Verdichter-Leistungsklasse auch in den Kolben erfolgen [57]. Durch die Integration des Saugventils in den Kolben kann neben Aufheizungsverlusten auch der Schadraumanteil im Zylinder reduziert werden. Im Vergleich zum Scrollverdichter benötigt der Kolbenverdichter stets mindestens ein Saug- und ein Druckventil. Es kommen aufgrund der automatischen Anpassung des Öffnungs- und Schließverhaltens der Ventile an die Verdichtungsbedingungen und dabei insbesondere das Verdichtungsdruckverhältnis des Hubkolbenverdichters überwiegend selbsttätige Ventile zum Einsatz [138].

Bei Radialkolbenmaschinen steht der Zylinder senkrecht bzw. in einem Winkel von mehr als 45° zur Rotationsachse der Antriebswelle [69]. Bei Axialkolbenverdichtern steht der Zylinder dagegen waagerecht bzw. in einem Winkel von weniger als 45° zur Rotationsachse der Antriebswelle. Axialkolbenmaschinen werden im Bereich der Kältetechnik und der Hydraulik (als Pumpe und Motor) aufgrund der hohen Leistungsdichte und der konstruktiv einfachen Verstellbarkeit des Hubvolumens eingesetzt [101, 69]. Mechanisch angetriebene, hubgeregelte Axialkolbenverdichter kommen in überwiegender Anzahl für synthetische Kältemittel (R-1234yf, R-134a) und natürliche Kältemittel (R-600(a), R-744) in Kraftfahrzeugklimaanlagen zum Einsatz [125]. Es können nach Tabelle 2.1 die drei wesentlichen Bauweisen Taumelscheibe, Schrägscheibe und Schwenkring unterschieden werden [106, 69, 101, 98, 35].

Tabelle 2.1: Übersicht verschiedener Bauweisen von Axialkolbenverdichtern nach [101]

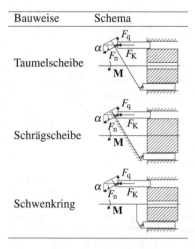

Matthies [101] nennt als wesentliches Unterscheidungsmerkmal zwischen der Taumelscheiben- und der Schrägscheibenmaschine die Antriebsart für den Kolbenhub. Die Quer- und

Normalkraftverteilung an der Scheibe ist bei beiden Antriebsarten jedoch identisch. Freudenstein [45] beschreibt weiterführend verschiedene Modifikationen des Taumel- und Schrägscheibenmechanismus. Bei Schrägscheibenmaschinen erzeugt der mechanisch an die Antriebswelle gekoppelte Zylinderblock die Kolbenbewegung. Bei Taumelscheibenmaschinen rotiert die Antriebswelle mit der Taumelscheibe und bringt die Kolben bei feststehendem Zylinderblock in Bewegung. Die Kolben können dabei direkt über Gleitsteine oder über den Kolbenkopf mit und ohne zusätzliches Pleuel auf der Scheibe gelagert sein. Die Kolbenköpfe sind sphärisch oder als Spitze ausführbar. Der Schwenkringverdichter besitzt einen über einen Stift mit der Welle rotierenden Ring, der in seiner Neigung über einen Bolzen verstellt werden kann. Die Kraftverteilung am Ring ist wiederum identisch zum Taumelscheiben- und Schrägscheibenprinzip. In überwiegender Anzahl werden für automobile Anwendungen Axialkolbenverdichter in Taumelscheibenbauweise verwendet. Magzalci [98] und Dröse [30] beschreiben die konstruktiven Merkmale eines transkritischen, elektrisch angetriebenen, drehzahlgeregelten CO_2-Verdichters in Taumelscheibenbauweise mit drei Zylindern für automobile 48 V-Bordnetz-Systeme. CO_2-Kältemittelverdichter für moderne Vollhybrid-, Plug-In-Hybrid- und Elektrofahrzeuge weisen einen Spannungsbereich von etwa 200 bis 1000 V (DC) auf

Im Rahmen dieser Arbeit wird ein Kältemittelverdichter für Hochvoltsysteme (>300 V DC) in Taumelscheibenbauweise betrachtet. Abbildung 2.4 zeigt die Schnittansicht eines elektrisch angetriebenen Taumelscheibenverdichters. Der Verdichter besitzt eine an das Verdichtergehäuse vertikal angeflanschte Leistungselektronik (Wechsel- bzw. Umrichter) zur Wandlung von Gleichspannung in pulsweitenmodulierte (PWM) dreiphasige Wechselspannung zum Antrieb des E-Motors. Die Translationsbewegung der Kolben wird über die Rotationsbewegung der Welle über eine Taumelscheibe mit konstantem Neigungswinkel erzeugt. Die Kolben sind über Gleitsteine auf der Taumelscheibe gelagert. Die Leistungselektronik und

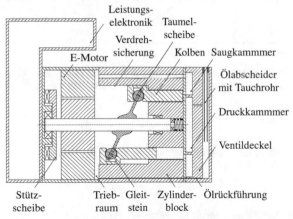

Abbildung 2.4: Schema eines halbhermetischen, elektrisch angetriebenen Pkw-CO_2-Taumelscheibenverdichters mit interner Ölrückführung

der E-Motor sind sauggasgekühlt. Durch eine Durchtrittsöffnung im Zylinderblock gelangt das Sauggas in die Saugkammer im Ventildeckel. Über selbsttätige Lamellenventile wird das Kältemittel-Öl-Gemisch in den Zylinder angesaugt und wiederum über selbsttätige Lamellenventile auf der Hochdruckseite in die Hochdruckkammer ausgeschoben (Ventile nicht gezeichnet). Von der Hochdruckkammer gelangt das Kältemittel-Öl-Gemisch in den Ölabscheider, in dem das Öl vom Gas getrennt und in den Triebraum rückgeführt wird. Das verdichtete Gas wird über das Tauchrohr und den Druckstutzen in die Hochdruckleitung ausgeschoben. Der in der vorliegenden Arbeit untersuchte elektrisch angetriebene Taumelscheibenverdichter wird ohne Tauchrohr mit externer Ölabscheidung und -rückführung betrieben. Anstelle der internen Ölrückführung erfolgt eine externe Ölrückführung (vgl. Abschnitt 4.1).

2.3 Verdichtungsprozess eines einstufigen Kolbenverdichters

Der theoretische einstufige Verdichtungsprozess ergibt sich aus den Vorgängen Verdichten (1-2), Ausschieben (2-3) und Ansaugen (4-1), vgl. Abbildung 2.5. Die Verdichtungsarbeit des geschlossenen idealen Systems ohne Schadraum ($V_3 = V_4$) ergibt sich aus der Summe der Verdichtungsarbeit, der Mehrarbeit durch das Ansaugen in den Zylinderraum und der Mehrarbeit durch das Ausschieben am Druckventil aus dem Zylinderraum [141]

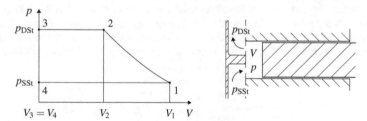

Abbildung 2.5: Idealer einstufiger Verdichtungsprozess eines Kolbenverdichters im Indikator-(p-V-) Diagramm (DSt=Druckstutzen, SSt=Saugstutzen)

$$W_{\mathrm{t,id}} = W_{\mathrm{V,id}} + W_{\mathrm{SV,id}} + W_{\mathrm{DV,id}}. \tag{2.2}$$

Es gilt für den idealen einstufigen Verdichtungsprozess [141]

$$W_{\mathrm{t,id}} = -\int_1^2 p\,\mathrm{d}V - p_1 V_1 + p_2 V_2. \tag{2.3}$$

Mit der Mehrarbeit durch das Ausschieben und Ansaugen

$$p_2 V_2 - p_1 V_1 = \int_1^2 d(pV) \tag{2.4}$$

gilt [44]

$$W_{t,id} = \int_1^2 V dp. \tag{2.5}$$

Abbildung 2.6 zeigt einen realen Verdichtungsprozess, wie dieser durch Zylinderdruckmessungen an einem Verdichter bei gleichzeitiger Korrelation des Antriebswellenwinkels eines Verdichters ermittelt werden kann.

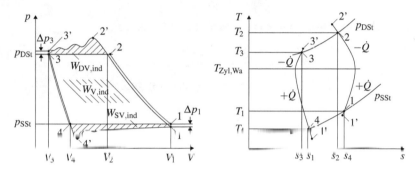

Abbildung 2.6: Realer einstufiger Verdichtungsprozess eines Kolbenverdichters im Indikator-(p-V-) und T-s-Diagramm nach Frenkel [44] und Groth [51]

Der reale einstufige Verdichtungsprozess ergibt sich aus den Vorgängen Verdichten (1'-2'), Ausschieben (2'-3'), Rückexpandieren (3'-4') und Ansaugen (4'-1'). Die indizierte Verdichtungsarbeit ergibt sich aus der Summe der Verdichtungsarbeit sowie der Ansaug- und Ausschiebearbeit

$$W_{t,ind} = W_{V,ind} + W_{SV,ind} + W_{DV,ind}. \tag{2.6}$$

Frenkel [44] beschreibt den Fehler, der zwischen der Beschreibung der Verdichtungsarbeit mit Verschiebung der Verdichtungs- (1 nach 1') und Expansionslinie (3 nach 3') durch Drosselverluste begangen wird, mithilfe des Näherungsansatzes

$$W_{V,ind} = \int_1^2 V dp - \int_3^4 -V dp \approx \int_{1'}^2 V dp - \int_{3'}^4 -V dp \tag{2.7}$$

zu zwei bis drei Prozent. Bei schnellläufigen Verdichtern mit hohen zylinderspezifischen Massendurchsätzen und engen Strömungsquerschnitten im Zylinderbereich können die Abweichungen auch darüber liegen. Die Mehrarbeit aufgrund des Druckverlustes beim Ansaugen kann beschrieben werden durch den Ansatz [44]

$$W_{SV,ind} = \delta_{SV} \cdot p_{SV} \cdot V_{SV} \tag{2.8}$$

mit dem relativen Druckverlustbeiwert für das Saugventil

$$\delta_{SV} = \frac{p_{SSt} - p}{p_{SSt}}. \tag{2.9}$$

Für den relativen Anteil der Saugventilverluste gilt das Verhältnis

$$\varepsilon_{SV} = \frac{W_{SV,ind}}{W_{t,ind}} \tag{2.10}$$

mit der Mehrarbeit aufgrund des Druckverlustes beim Ausschieben [44]

$$W_{DV,ind} = \delta_{DV} \cdot p_{DV} \cdot V_{DV} \tag{2.11}$$

sowie auch dem relativen Druckverlustbeiwert für das Druckventil

$$\delta_{DV} = \frac{p - p_{DSt}}{p_{DSt}}. \tag{2.12}$$

Für den relativen Anteil der Druckventilverluste gilt das Verhältnis

$$\varepsilon_{DV} = \frac{W_{DV,ind}}{W_{t,ind}} \tag{2.13}$$

Die Zustandsänderungen der Verdichtung und der Expansion lassen sich näherungsweise über eine Polytropen-Beziehung der Form

$$p_1 \cdot V_1^n = p_2 \cdot V_2^n \tag{2.14}$$

mit konstanten Polytropenkoeffizienten n beschreiben. Die realen Zustandsänderungen in den Zylindern des Verdichters besitzen eine Charakteristik mit sich ändernden Polytropen-koeffizienten während der Verdichtung und Expansion.

2.4 Identifikation von Verlustmechanismen

Frenkel [44], Böswirth [12], Groth [51], Fagerli [39] und Försterling [43] beschreiben in ihren Arbeiten ausführlich die in klassischen Hubkolbenverdichtern auftretenden Verlust-beitragsgrößen. In der vorliegenden Arbeit werden nach Kenntnisstand des Autors zum Zeit-punkt der Anfertigung der Arbeit erstmalig darüber hinaus spezifische Verlustbeiträge eines halbhermetischen, elektrisch angetriebenen Verdichters berücksichtigt. Insbesondere wer-den auch die elektrischen Verluste der Leistungselektronik bewertet. Die betrachteten Ver-lustgrößen ergeben sich zu elektrischen Verlusten, Strömungs-, Druckpulsations-, Aufhei-zungs-, reibungsbedingten Dissipations-, Rückexpansions-, Leckage- und Rückströmungs-verlusten. Im Folgenden werden die Entstehungsmechanismen der Verlustgrößen anhand von Leistungs- bzw. Fördermassenstromverlusten vertieft behandelt. Als eine Bewertungs-größe für die volumetrische Effizienz eines Verdichters kann der (Stutzen-)Liefergrad heran-gezogen werden, der das Verhältnis zwischen dem effektiv vom Verdichter geförderten und theoretisch möglichen Fördermassenstrom beschreibt

$$\lambda_{eff,St} = \frac{\dot{m}_{eff}}{\dot{m}_{id}} = \frac{\dot{m}_{eff}}{V_{Hub} \cdot f \cdot z \cdot \rho\,(p_{SSt}, T_{SSt})}. \tag{2.15}$$

mit dem Hubvolumen V_{Hub}, der Drehfrequenz f, der Zylinderanzahl z und der Dichte ρ des Kältemittels im Ansaugzustand. Der Gesamtliefergrad eines Verdichter kann mithilfe des Produkts der Teilliefergrade ausgedrückt werden [60, 12, 43]

$$\lambda_{eff,St} = \prod_{i=1}^{n} \lambda_{\Delta i}. \tag{2.16}$$

2.4.1 Strömungsverluste

Durch Dissipationsverluste infolge von Drosselung entstehen im Saug- und Druckbereich analog zu Rohrleitungen Druckverluste innerhalb der Verdichterkomponenten. Insbesondere bei modernen drehzahlgeregelten Verdichtern mit Ölabscheidersystem, Ölrückführung, integrierten Schalldämpfern und Sauggaskühlung des E-Motors kommt es dazu, dass die thermodynamischen Größen Druck und Temperatur zwischen den Stutzenzuständen und den Zuständen am direkten Ein- und Ausströmbereich des Zylinders vergleichsweise stark voneinander abweichen können. Böswirth [12] beschreibt die Verluste durch Drosselung im Ansaugbereich mithilfe des Teilliefergrades gemäß

$$\lambda_{\Delta p,SB} = 1 - \left(\frac{(1+\varepsilon) \cdot \Delta p_{SB}}{\kappa \cdot p_{SSt}} \right) \tag{2.17}$$

mit dem Druckverlust im Saugbereich Δp_{SB} und dem Isentropenexponenten κ. Für den Hochdruckbereich ergibt sich der Teilliefergrad gemäß

$$\lambda_{\Delta p,DB} = 1 - \left(\frac{\varepsilon \cdot \Delta p_{DB}}{\kappa \cdot p_{DSt}} \right) \tag{2.18}$$

mit dem Druckverlust im Saugbereich Δp_{DB}. Für den Schadraumanteil ergibt sich das Verhältnis des Schadraumes zum Gesamthubvolumen eines Zylinders [141] (vgl. Abbildung 2.6)

$$\varepsilon = \frac{V_3}{V_1 - V_3} = \frac{V_{Schad}}{V_{Hub}}. \tag{2.19}$$

Typische Schadraumanteile betragen etwa 3 bis 15 %. Für eine vergleichsweise geringere Baugröße des Verdichters liegt der Schadraumvolumenanteil für den untersuchten elektrisch angetriebenen CO_2-Taumelscheibenverdichter für Pkw-Anwendungen bei etwa zehn Prozent. Der Schadraumanteil in den Zylindern des Verdichters setzt sich aus mehreren Beiträgen zusammen. Eine abschätzende Bewertung der Schadraumvolumina zeigt Tabelle 2.2. Die Anteile des Schadraumes können in Abhängigkeit von den Fertigungstoleranzen und Bauteildimensionen besonders für den Kolbenunterstand variieren.

Aufgrund der Motordurchströmung im Ansaugbereich sowie durch die Ölabscheiderdurchströmung im Hochdruckbereich des Verdichters können sich signifikante Drosselverluste ergeben. Neben den Druckverlusten im Ansaug- und Hochdruckbereich entstehen Drosselverluste auch am begrenzten Querschnitt des Saug- und Druckventils. Böswirth [12]

Tabelle 2.2: Komponenten des Schadraumes am Zylinder mit Beitragsanteilen

Komponente	Anteil / %
Saugventilbohrung für Druckventil	5
Saugventil-Freistich	10
Ventilplatte-Saugventil Relierung	5
Ventilplatte-Druckbohrung	30
Zylinderblock Freistich Anschlag Saugventil	10
Zylinderdichtung	10
Kolbenunterstand durch Toleranzen und thermische Dehnung	30

beschreibt den Teilliefergrad durch Drosselverluste an den Ventilen für das Saugventil gemäß

$$\lambda_{\Delta p, SV} = 1 - \left(\frac{(1+\varepsilon) \cdot \Pi^{\frac{1}{\kappa-1}} \cdot \Delta p_{SV}}{\kappa \cdot p_{SSt}} \right) \tag{2.20}$$

mit dem Druckverlust am Saugventil Δp_{SV} und dem Nenndruckverhältnis (Verdichtungsdruckverhältnis) gemäß

$$\Pi = \frac{p_{DSt}}{p_{SSt}}. \tag{2.21}$$

Für das Hochdruckventil gilt der Teilliefergrad

$$\lambda_{\Delta p, DV} = 1 - \left(\frac{\varepsilon \cdot \Pi^{\frac{1}{\kappa-1}} \cdot \Delta p_{DV}}{\kappa \cdot p_{DSt}} \right) \tag{2.22}$$

mit dem Druckverlust am Druckventil Δp_{DV}.

2.4.2 Druckpulsationen

Aufgrund der sequentiellen Ansaug- und Ausstoßvorgänge bei Verdrängerverdichtern ergeben sich durch die endliche Größe der Saug- und Druckkammer bzw. der vor- und nachgelagerten Kammer-Volumina des Verdichters periodische Fördervorgänge des Kältemittels, die zu Saug- und Druckpulsationen inner- und außerhalb des Verdichters führen können. Durch die Druckpulsationen in der Saug- und Druckkammer des Verdichters entstehen im Zylinder aufgrund der druckgesteuerten selbsttätigen Ventile rückwirkungsbehaftete Vorgänge im Zylinder. Die Öffnungs- und Schließdynamik der Saug- und Druckventile kann durch pulsierende Druckkräfte aufgrund von Druckpulsationen beeinflusst werden (vgl. Ventilmodell nach Unterabschnitt 3.2.6). Damit können sich auch Ventilspätschlüsse des Saug- und Druckventils ergeben (vgl. [43]). Frenkel [44] beschreibt durch diesen Effekt hervorgerufene Massenstromabweichungen bis zu zehn Prozent. Böswirth [12] schlägt zur Quantifizierung dieser Verluste wiederum einen analogen Ansatz zur Bewertung der Drosselverluste vor. Es gilt für den Teilliefergrad der Saugseite

$$\lambda_{\Delta p, SB, Puls} = 1 - \left(\frac{(1+\varepsilon) \cdot \Delta p_{SB, Puls}}{\kappa \cdot p_{SSt}} \right) \tag{2.23}$$

mit dem Druckpulsationsanteil $\Delta p_{SB,Puls}$ im Saugbereich. Für die Druckseite gilt

$$\lambda_{\Delta p,DB,Puls} = 1 - \left(\frac{\varepsilon \cdot \Delta p_{DB,Puls}}{\kappa \cdot p_{DSt}} \right) \tag{2.24}$$

mit dem Druckpulsationsanteil $\Delta p_{DB,Puls}$ im Druckbereich.

2.4.3 Aufheizungsverluste

Eine durch Wärmezufuhr an das Sauggas verringerte Ansaugdichte wirkt sich analog zu Drosselverlusten nachteilig auf den effektiven Liefergrad sowie die Verdichtungsendtemperatur aus. Die Wärmezufuhr an das Sauggas resultiert aufgrund der thermischen Verlustleistung der elektrischen Antriebskomponenten (Leistungselektronik, E-Motor) im Triebraum. Weiterhin ergibt sich an den mechanischen Reibpaarungen ein signifikanter Anteil von Dissipationsarbeit im Triebraum des Verdichters. Durch eine ausgeprägt hohe Bewegungsgeschwindigkeit der Triebwerkskomponenten des Verdichters ergeben sich typischerweise sehr gute Wärmeübertragungsbedingungen im Triebraum des Verdichters. Infolgedessen ist bei halbhermetischen, elektrisch angetriebenen Kältemittelverdichtern typischerweise eine erhebliche verdichterinterne Sauggasaufheizung im Triebraum zu verzeichnen.

Durch Wärmeübertragung zwischen der Druck- und Saugkammer des Verdichters, zwischen dem Kältemittel und dem Saugventil, zwischen dem Kältemittel und der Ventilplatte sowie zwischen dem Kältemittel und dem Zylinder (auch Kolben) kann eine zusätzliche Sauggasaufheizung erfolgen. Bei signifikanten Schadraumanteilen im Zylinder ergeben sich durch die Rückexpansion von verdichtetem Gas in Erweiterung zu Rückexpansionsverlusten durch Reduzierung des effektiven Hubvolumens (vgl. Unterabschnitt 2.4.6) Verluste durch Vermischung des Sauggases mit rückexpandiertem Gas. Dieser Effekt führt neben der Verringerung des effektiven Fördermassenstroms auch zu einer erhöhten Sauggasaufheizung. Nach Groth [51] folgt unter der Annahme idealen Gasverhaltens für den Teilliefergrad durch Sauggasaufheizung

$$\lambda_{\Delta T,SB} = \frac{T_{SSt}}{\tilde{T}_{Zyl,ein}} = \frac{\tilde{\rho}_{Zyl,ein}}{\rho_{SSt}}, \tag{2.25}$$

Es werden die mittlere Temperatur $\tilde{T}_{Zyl,ein}$ bzw. die mittlere Dichte $\tilde{\rho}_{Zyl,ein}$ am Zylindereintritt berücksichtigt.

2.4.4 Elektrische Verluste

Abbildung 2.7 zeigt eine schematische Verschaltung des elektrischen Verdichterantriebes (Verdichter-Antriebsstrang) eines drehzahlgeregelten Pkw-Kältemittelverdichters. Der Antriebsstrang umfasst den Bordnetz-/Niedervolt- (NV) und den Hochvoltstrang (HV) mit Logikversorgung aus dem 12 V-Bordnetz und Leistungsversorgung aus der Hochvolt-Traktionsbatterie (>300 V).

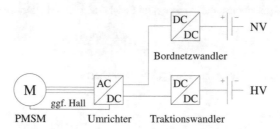

Abbildung 2.7: Schematische Darstellung des Aufbaus eines drezahlgeregelten Antriebes eines Pkw-Kältemittelverdichters (NV=Niedervolt, HV=Hochvolt, PMSM=Permanent-magneterregte Synchronmaschine, ggf. Hall=Mögliche Verwendung von Hall-Schaltern zur Drehzahl- und Drehwinkelerfassung)

Im Antriebsstrang von drehzahlgeregelten Verdichtern sind für die Leistungselektronik und den E-Motor elektrische Umwandlungsverluste zu erwarten. Die Verlustbeiträge des Bordnetz- und Traktionswandlers als Teil des Fahrzeugbordnetzes werden bei der Beschreibung elektrischer Verluste im Verdichter nicht berücksichtigt. Die hohe Leistungsdichte und Effizienz von permanentmagneterregten Synchronmaschinen (PMSM) prädestiniert diese Art der Maschinencharakteristik sowohl für Nebenaggregate als auch für Traktionsmaschinen in elektrifizierten Fahrzeugen. Die PMSM kann mit innen- oder außen laufendem Rotor ausgeführt sein.

Die in PMSMs auftretenden elektrischen Umwandlungsverluste werden in Wärme umgesetzt. Schröder [122] beschreibt ausführlich die allgemeinen Verlustbeitragsleister in elektrischen (Antriebs-)Maschinen. Die Verluste einer Elektromaschine lassen sich in Stator- und Rotorverluste untergliedern. Die Verlustleistung im Stator ergibt sich schließlich aus zwei wesentlichen Anteilen. Zunächst treten Ummagnetisierungsverluste in Form von Hysterese- und Wirbelstromverlusten auf

$$P_{V,EM,LL} = v_{Hys} \cdot f \cdot B^2 + v_{UM} \cdot f^2 \cdot B^2 \qquad (2.26)$$

mit dem (Vor-)Faktor v, der Ummagnetisierungsfrequenz f und dem magnetischen Fluss B. Weiterhin ergeben sich Stromwärmeverluste durch den Ladungstransport bei endlichem Ohm'schem Widerstand

$$P_{V,EM,I} = 3 \cdot R(T,f) \cdot I_{Nenn}^2 \qquad (2.27)$$

mit dem Nennstrom I_{Nenn} und dem elektrischen Widerstand R. Für eine PMSM ergeben sich für den Rotor (ohne Wicklungen) ausschließlich Stromwärmeverluste nach Gleichung 2.27. Es ergeben sich sowohl für den Stator als auch für den Rotor Zusatzverluste. Die gesamten Zusatzverluste $P_{V,EM,zus}$ sind analytisch relativ schwierig bestimmbar und werden für Maschinen mit einer Leistung von mehr als 1 kW typischerweise mithilfe des Restverlustverfahrens bestimmt [91]. Die Gesamtverlustleistung des E-Motors kann beschrieben werden durch

$$P_{V,EM} = P_{V,EM,LL} + P_{V,EM,I} + P_{V,EM,zus}. \qquad (2.28)$$

Am E-Motor sind weiterführend Reibungsverluste durch Lager- und Fluidreibung zu erwarten. In diesem Unterabschnitt werden ausschließlich elektrische Verluste betrachtet. Die Reibungsverluste werden in Unterabschnitt 2.4.5 behandelt. Die Fluidreibungsverluste aufgrund von viskoser Reibung des Fluids im Rotorspalt des E-Motor werden vernachlässigt.

Neben dem E-Motor beschreibt die Leistungselektronik eine zentrale Komponente elektrischer Antriebe. März et al. [100] beschreiben den Einfluss der Bordnetztopologie und der Zwischenkreisspannung auf die Systemeffizienz. Die Autoren zeigen für verschiedene Umrichter-Bauelementetechnologien die Verluste in Abhängigkeit von der Zwischenkreisspannung auf. Die Einsatzgrenze zwischen MOSFETs (metal-oxide-semiconductor fieldeffect transistor) und IGBTs (insulated-gate bipolar transistor) zugunsten von IGBTs als Halbleiterbauelemente beträgt etwa 200 V Zwischenkreisspannung. Aus energetischen Gründen sowie auch aus Bauraum- und Kostengesichtspunkten wird für elektrifizierte Fahrzeuge üblicherweise eine möglichst hohe Bordnetzspannung von bis zu 1000 V angestrebt.

Kolar et al. [84] beschreiben die Verluste eines Wechselrichters mit PWM auf Basis von IGBT-Leistungstransistoren. Die Verlustanteile können in Durchlass- und Sperrverluste (statische Verluste) sowie Ein- und Ausschaltverluste (Schaltverluste) unterschieden werden. Weiterhin sind Ansteuerungsverluste zu berücksichtigen [113]. Der Beitrag der Sperr- und Ansteuerungsverluste kann aufgrund eines vergleichsweise geringen Anteils an den gesamten elektrischen Verlusten häufig vernachlässigt werden [33, 31]. Eckardt et al. [33] beschreiben die Schaltverlustleistung durch den Ansatz

$$P_{V,LE,SW} = \frac{f_{SW} \cdot E_{SW} \cdot \hat{I}_{AC} \cdot U_{DC}}{\pi \cdot \hat{I}_0 \cdot U_0}. \tag{2.29}$$

Es werden die Größen f_{SW} für die Schaltfrequenz, E_{Sw} für die Schaltverlustenergie, $\hat{I}_{AC}$ für den Scheitelwert des Motorstroms, U_{DC} für die Spannung am Motoreingang sowie der Strom $\hat{I}_0$ und die Spannung U_0 unter Referenzbedingungen berücksichtigt. Die Durchlassverlustleistung kann beschrieben werden durch [33]

$$P_{V,LE,D} = U_{Sa,IGBT} \cdot \hat{I}_{AC} \cdot \left(\frac{1}{2\pi} + \frac{m \cdot \cos\varphi}{8} \right) + r_{I,IGBT} \cdot \hat{I}_{AC}^2 \cdot \left(\frac{1}{8} + \frac{m \cdot \cos\varphi}{3\pi} \right) \tag{2.30}$$

mit der Sättigungsspannung $U_{Sa,IGBT}$, dem Modulationsgrad m, dem differenziellen Widerstand $r_{I,IGBT}$ und dem Phasenwinkel φ. Die Gesamtverlustleistung des elektrischen Antriebsstranges ergibt sich damit gemäß dem Zusammenhang

$$P_{V,A,ges} = P_{V,EM,LL} + P_{V,EM,I} + P_{V,LE,SW} + P_{V,LE,D}. \tag{2.31}$$

2.4.5 Reibungsverluste

Dissipationsverluste infolge von mechanischen Kräften zwischen Bauteilen, die sich relativ zueinander bewegen, führen zu einem erhöhten Beitrag technischer Arbeit im Verdichterbetrieb. Ergänzend zur indizierten Arbeit im realen Verdichtungsprozess nach Gleichung 2.6

ergibt sich aufgrund von Dissipationsverlusten die tatsächlich am System zu verrichtende Arbeit

$$W_t = W_{t,ind} + W_{Diss,f}.$$ (2.32)

Reibungsverluste ergeben sich bei Axialkolbenverdichtern vorwiegend durch Kolbenring-Zylinderlaufbuchse-Reibung, Lagerung des Kolbens in der Zylinderlaufbuchse, Lagerung des Kolbens auf der Taumel-/Schrägscheibe oder dem Schwenkring sowie durch Lagerreibung. Eine ausführliche Beschreibung der Lagerreibung wird in Unterabschnitt 3.2.5 behandelt. Die Reibleistung für einen Gleitkontakt ergibt sich in Abhängigkeit von der Reibkraft und der Relativgeschwindigkeit zu

$$P_f = F_f \cdot v_{rel}.$$ (2.33)

Cavalcante [15] beschreibt für ein Modell eines Hubkolbenverdichters die Reibkraft als Summe der Komponenten der Festkörper-, Misch- und Flüssigkeitsreibung. Der Verlauf der Reibkraft in Abhängigkeit von der Gleitgeschwindigkeit ist in Abbildung 2.8 dargestellt (Stribeck-Kurve). Für die Reibkraft bei Haft- und Gleitreibung gilt mit der Reibungszahl

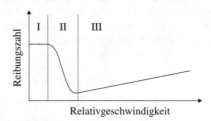

Abbildung 2.8: Verlauf der Stribeck-Kurve für die Bereiche der Festkörper- (I), Misch- (II) und Flüssigkeitsreibung (III)

und der Normalkraft am Reibkontakt

$$F_f = \mu_f \cdot F_n.$$ (2.34)

Die Reibungszahl μ_f hängt neben der Relativgeschwindigkeit von verschiedenen Einflussgrößen wie beispielsweise Material, Temperatur, Schmierstoffviskosität und Oberflächengüte der Reibpaarung ab. Eine umfangreiche experimentelle tribologische Untersuchung der Reibungszahlen an Reibkontakten von Kältemittelverdichtern mit dem Kältemittel R-134a wird von Sheiretov und Cusano [120] vorgenommen. Renius [116] untersucht dieselben Zusammenhänge an Axialkolbenpumpen. Eine theoretische Abschätzung der Reibungzahl ist in Analogie zur Gleitlagerberechnung anhand der Sommerfeldzahl möglich [4]. Für Kältemittelverdichter in Axialkolbenbauart ist im Bereich der Lagerung des Kolbens (auch Kolbenringe) in der Zylinderlaufbuchse sowie der Kolbenlagerung an der Taumel-/Schrägscheibe oder dem Schwenkring bei geschmierten Bedingungen Misch- (II) bzw. Flüssigkeitsreibung (III) zur erwarten. Bei ausreichender Schmierstoffversorgung, einer hohen Oberflächengüte und geeigneter Beschichtung der mechanischen Bauteile kann von Reibungszahlen in Höhe von $\mu_f \leq 0,05$ für eine Reibpaarung Stahl/Stahl ausgegangen werden [42].

2.4.6 Rückexpansionsverluste

Infolge des konstruktiv unvermeidbaren Schadraumvolumens wird ein Teil des verdichteten Gases nach Beenden des Ausschiebens eingeschlossen. Das im Zylinder zurückbleibende Gas wird beim Verschieben des Kolbens entspannt, bis das Saugventil öffnet und Frischgas aus der Saugkammer in den Zylinder eingesaugt wird (vgl. Abbildung 2.6). Die Liefergradeinbußen aufgrund von Rückexpansion ergeben sich unter Berücksichtigung einer adiabat isentropen Zustandsänderung ($n = \kappa$) für reales Gasverhalten mit den Realgasfaktoren ψ_{DK} und ψ_{SK} zu [51]

$$\lambda_{\Delta Rueck} = 1 - \varepsilon \cdot \left[\left(\frac{\psi_{DK} \cdot p_{DK}}{\psi_{SK} \cdot p_{SK}} \right)^{\frac{1}{\kappa}} - 1 \right]. \tag{2.35}$$

Die Liefergradeinbußen durch Rückexpansion sind insbesondere bei hohen Druckverhältnissen von Bedeutung. Es gilt nach Frenkel [44] für das Grenzdruckverhältnis, bei welchem der Verdichter kein Gas fördert

$$\Pi_{max} = \left(\frac{1}{\varepsilon} + 1 \right)^{\kappa}. \tag{2.36}$$

Beispielhaft beträgt für die adiabat isentrope Zustandsänderung mit $\kappa = 1,5$ und einen Schadraumanteil von $\varepsilon = 0,1$ das maximale Druckverhältnis 36,5. Für praktische Ausführungen kann die Verwendung einer mehrstufigen Verdichtung ab einem Verdichtungsdruckverhältnis von etwa sieben geeignet sein [51]. Eine mehrstufige Verdichtung führt weiterhin zu einer Absenkung der Triebwerkskräfte und dem Absenken der Verdichtungsendtemperatur. Prinzipbedingt besitzen Scrollverdichter im Vergleich zu klassischen Hubkolbenverdichtern ein höheres maximales einstufiges Druckverhältnis, da die Verdichtung innerhalb der Drucktaschen der Verdrängereinheit mehrstufig pro Umdrehung abläuft. Auch sind Rückexpansionseffekte beim Scrollverdichter weniger ausgeprägt [65].

2.4.7 Leckageverluste

Aufgrund von mechanischen Undichtigkeiten ergeben sich im Verdichter weiterhin Kältemittel-Leckageverluste an verschiedenen dynamischen und statischen Dichtstellen mechanischer Bauteile. Groth [51] unterscheidet zwischen äußerer und innerer Undichtigkeit. Die äußere Undichtigkeit beschreibt die Gasverluste an die Umgebung über die mechanischen Dichtungen zwischen Gehäuseteilen sowie der Gehäuse-Wellendurchführung bei mechanisch angetriebenen Verdichtern. Die Gehäusedurchführung der stromführenden Leiter für die Strom- und Logikversorgung bei elektrisch angetriebenen Verdichtern kann weiterhin zu Leckageverlusten führen. Weiterhin kann sich durch eine begrenzte Diffusionsbeständigkeit der verwendeten metallischen Konstruktionswerkstoffe eine äußere Leckage ergeben. Durch innere Undichtigkeit ergeben sich aufgrund von ungewollten Gasübertritten Fördermassenstrom- und Aufheizungsverluste. Bekannte Leckageverluste entstehen an den Kolbenringen

zwischen Zylinder und Triebraum, den Ventilen und statischen mechanischen Bauteildich-
tungen. Ein verbreiteter Ansatz zur Beschreibung der Liefergradverluste durch Undichtigkeiten ist nach Groth [51] beschrieben gemäß

$$\lambda_{\Delta L} = \frac{\dot{m}_L}{\dot{m}_{id}}. \tag{2.37}$$

Aufgrund des unbekannten Fördermassenstromes eines ideal dichten Systems ist die Quantifizierung der Leckageverluste zumeist schwierig. Leckageverluste können insbesondere
bei hohen Druckverhältnissen und geringen Drehzahlen des Verdichters hohen Einfluss auf
die Verdichtereffizienz haben. Leckageverluste können bei CO_2-Verdichtern aufgrund der
hohen absoluten Druckdifferenzen, der hohen volumentrischen Leistung und der geringen
Molekülgröße des CO_2 besonders ausgeprägt sein [64] und müssen daher mit besonderer
Aufmerksamkeit untersucht werden.

2.4.8 Rückströmungsverluste

Rückströmungsverluste an Verdichterventilen sind in erweiterter Betrachtungsweise den
Leckageverlusten zuzuordnen. Rückströmungsverluste können sich insbesondere durch Ventilspätschlüsse aufgrund einer Umkehrung der Gasströmung am Zylinder ergeben. Es wird
zwischen saug- und druckventilbedingter Rückströmung unterschieden:

- Saugventilspätschluss (nach Erreichen der Kolben-UT-Lage): Vom Saugventil angesaug-
  tes Frischgas strömt bei (teil-)geöffnetem Ventil vom Zylinder in die Saugkammer

- Druckventilspätschluss (nach Erreichen der Kolben-OT-Lage): Vom Druckventil ausge-
  schobenes verdichtetes Gas strömt bei (teil-)geöffnetem Ventil von der Druckkammer in
  den Zylinder

Böswirth [12] beschreibt drei verschiedene Spätschlussmechanismen von Ventilen. Försterling [43] erweitert die von Böswirth angeführten Pu-, K-, ω-Spätschlüsse für eine eindimensionale Bewegung um den Tau(mel)-Spätschluss für eine zweidimensionale Bewegung von
Ringventilen. Bei Lamellenventilen ist die Taumelneigung zumeist eher gering ausgeprägt.
In der Folge von Ventilspätschlüssen treten hohe Aufschlaggeschwindigkeiten der Lamelle
am Ventilsitz auf, welche sich lebensdauermindernd auswirken. Küttner [34] benennt einen
Wert von 3 bis $4\,\mathrm{m\,s^{-1}}$ als Grenzkriterium einer lebensdauerfesten Bauteilauslegung.

Durch die Wahl der Ventileigenschaften kann das Spätschlussverhalten in Abhängigkeit
vom Betriebspunkt beeinflusst werden. Böswirth [12] spricht beim Schließen des Ventils
von mehr als zehn Winkelgrad (Winkelversatz zur Totpunktlage des Kolbens) von einem
Ventilspätschluss. Bei schnelllaufenden Verdichtern und hohen Druckverhältnissen können
sich Ventilspätschlüsse bereits bei deutlich kleineren Winkelversätzen signifikant in einer Verringerung des Fördermassenstromes bzw. der Verdichtereffizienz äußern, sodass in
diesem Zusammenhang jegliches Schließen eines Ventils nach Übertreten des Kolbentot-
punktes als Spätschluss bezeichnet werden kann. Saugventil-Rückströmungsverluste äußern
sich in einer geringeren Steigung der Verdichtungscharakteristik nach Überschreiten des

Kolben-UT. Druckventil-Rückströmungsverluste äußern sich ebenso in einer geringeren Steigung der Rückexpansionscharakteristik nach Überschreiten des Kolben-OT und einer Erhöhung der Rückexpansionsverluste. Die Verringerung der angesaugten Gasmenge im Zylinder kann in geeigneter Weise über den Zylinderfüllgrad beschrieben werden [141] (vgl. Abbildung 2.6)

$$\mu = \frac{V_1 - V_4}{V_1 - V_3} = \frac{V_{\text{ind}}}{V_{\text{Hub}}}. \tag{2.38}$$

Unter Berücksichtigung von Saugventilverlusten gilt für den erweiterten Zylinderfüllgrad

$$\mu' = \frac{V_1 - V_4'}{V_1 - V_3} = \frac{V_{\text{ind}}'}{V_{\text{Hub}}}. \tag{2.39}$$

Die Liefergradeinbußen durch Ventil-Rückströmungsverluste können mithilfe des Massenstromverhältnisses

$$\lambda_{\Delta\text{Rueckstr}} = \frac{\dot{m}_{\text{spaet}}}{\dot{m}_{\text{id}}} \tag{2.40}$$

bewertet werden. Es sind der Massenstrom unter Berücksichtigung von Ventilspätschlussgen $\dot{m}_{\text{spaet}}$ und der ideale Massenstrom ohne Ventilspätschlüsse $\dot{m}_{\text{spaet}}$ berücksichtigt. Die Differenzierung der Verlustmechanismen untereinander und dabei insbesondere die Unterscheidung zwischen Rückexpansions-, Leckage-, und Rückstromungsverlusten ist aufgrund der Überlagerung der Phänomene eine schwierige Aufgabe. Mithilfe der Verdichtersimulation (vgl. Kapitel 3) und experimenteller Untersuchungsmethoden (vgl. Kapitel 4) können diese Verluste genauer untersucht und differenziert werden.

2.5 Bewertungskenngrößen für elektrisch angetriebene Kältemittelverdichter

Zur Effizienzbewertung eines Verdichters können verschiedene äußere und innere Bewertungskenngrößen herangezogen werden. Hubacher [62], Hölz [60], Försterling [43], Fagerli [39], Lambers et al. [90] und Cavalcante [15] geben einen umfassenden Überblick über geeignete Bewertungskenngrößen für einen Kältemittelverdichter. Fagerli [39], Hubacher [62] und Lambers et al. [90] berücksichtigen innerhalb der ihrerseits aufgeführten Bewertungskenngrößen weiterhin die elektrischen Verlustanteile hermetischer Verdichter. Lambers et al. [90] zeigen auch die wesentlichen Energieflüsse für einen hermetischen Verdrängerverdichter auf. Perez-Garcia et al. [108] geben darüber hinaus einen umfassenden Überblick über Berechnungsansätze im Hinblick auf thermodynamische und mechanisch-elektrische Exergieverluste.

2.5.1 Äußere Bewertungskenngrößen

Über den stutzenbezogenen Liefergrad (vgl. Gleichung 2.15) hinaus schlägt Försterling [43] für die innere Bewertung des Verdichtungsprozesses im Verdichter vor, den Liefergrad auf den Zustand des Kältemittels in der Saugkammer zu beziehen. Für den kammerbezogenen

Liefergrad gilt das Verhältnis des effektiv geförderten zum theoretisch möglichen Massen-strom

$$\lambda_{\text{eff},K} = \frac{\dot{m}_{\text{eff}}}{\dot{m}_{\text{id}}} = \frac{\dot{m}_{\text{eff}}}{V_{\text{Hub}} \cdot f_A \cdot z \cdot \rho\left(p_{\text{SK}}, T_{\text{SK}}\right)} \tag{2.41}$$

mit der Drehfrequenz f_A, der Zylinderanzahl z und der Kältemitteldichte in der Saugkam-mer (SK). Diese Beziehung ist insbesondere für elektrisch angetriebene Verdichter mit prinzipbedingt vergleichsweise hoher Sauggasaufheizung durch elektrische Verluste geeig-net, da durch die Ermittlung des saugkammerbezogenen Liefergrades die saugseitigen Ver-lustanteile von den übrigen Verlustanteilen am Zylinder und auf der Hochdruckseite unter-schieden werden.

Der isentrope Wirkungsgrad beschreibt das Verhältnis der Enthalpiedifferenz einer adiabat isentropen Verdichtung in Bezug auf die Enthalpiedifferenz unter Berücksichtigung interner Verluste bezogen auf die Stutzenzustände

$$\eta_{\text{St,isen}} = \frac{h_{\text{DSt,isen}} - h_{\text{SSt}}}{h_{\text{DSt}} - h_{\text{SSt}}}. \tag{2.42}$$

Der isentrope Wirkungsgrad kann analog zum Liefergrad auch auf die Kammerzustände des Verdichters bezogen werden

$$\eta_{\text{SK/DK,isen}} = \frac{h_{\text{DK,isen}} - h_{\text{SK}}}{h_{\text{DK}} - h_{\text{SK}}}. \tag{2.43}$$

Lambers et al. [90] führen darüber hinaus einen inneren isentropen Gütegrad auf. Der innere isentrope Gütegrad beschreibt das Verhältnis der Enthalpiedifferenz einer adiabat isentropen Verdichtung bezogen auf die Enthalpiedifferenz der realen Verdichtung unter Berücksichti-gung des Eintritts- bzw. Austrittszustandes in den Zylinder

$$\eta_{\text{St,isen,Zyl}} = \frac{h_{\text{DSt,isen}} - h_{\text{SSt}}}{h_{\text{Zyl,aus}} - h_{\text{Zyl,ein}}}. \tag{2.44}$$

Der isentrope Gütegrad entspricht dem Verhältnis der adiabat isentropen Stutzenleistung des Verdichters bezogen auf die Antriebsleistung. In Abhängigkeit von der Antriebsart des Verdichters wird zwischen dem effektiv isentropen Gütegrad für einen mechanischen Verdichterantrieb (mit mechanischer Antriebsleistung P_A)

$$\eta_{\text{isen,eff}} = \frac{P_{\text{St,isen}}}{P_A} = \frac{\dot{m}_{\text{eff}} \cdot \left(h_{\text{DSt,isen}} - h_{\text{SSt}}\right)}{P_A} \tag{2.45}$$

sowie dem (isentropen) Klemmengütegrad für einen elektrischen Verdichterantrieb mit der elektrischen Antriebsleistung $P_{\text{DC,r}}$

$$\eta_{\text{isen,Kl}} = \frac{P_{\text{St,isen}}}{P_{\text{DC,r}}} = \frac{\dot{m}_{\text{eff}} \cdot \left(h_{\text{DSt,isen}} - h_{\text{SSt}}\right)}{P_{\text{DC,r}}} \tag{2.46}$$

unterschieden. Der energetische Verdichterwirkungsgrad für (halb-)hermetische Verdichter wird definiert als

$$\eta_{\text{en}} = \frac{\dot{m}_{\text{eff}} \cdot \left(h_{\text{DSt}} - h_{\text{SSt}}\right)}{P_{\text{DC,r}}} \tag{2.47}$$

und beschreibt den Anteil der Wärmeverluste des Verdichters an die Umgebung.

2.5.2 Innere Bewertungskenngrößen

Der mechanische Wirkungsgrad beschreibt das Verhältnis der indizierten Leistung zur mechanischen Antriebsleistung

$$\eta_{mech} = \frac{P_{ind}}{P_A} \tag{2.48}$$

mit der theoretischen indizierten Leistung

$$P_{ind} = z \cdot W_{t,ind} \cdot f_A. \tag{2.49}$$

Die mechanische Antriebsleistung kann bei elektrisch angetriebenen Verdichtern ausschließlich anhand einer Drehmomentmessung mit externer Wellendurchführung oder bei sehr genau bekannten elektrischen Wirkungsgraden anhand der elektrischen Leistung bestimmt werden. Der Leistungselektronik- und damit der E-Motor-Wirkungsgrad lässt sich mithilfe der elektrischen Ein- und Ausgangsleistungen beschreiben als das Verhältnis

$$\eta_{LE} = \frac{P_{AC}}{P_{DC,r}}. \tag{2.50}$$

Der E-Motor-Wirkungsgrad lässt sich mithilfe der elektrischen Eingangsleistung und der mechanischen Ausgangsleistung beschreiben gemäß

$$\eta_{EM} = \frac{P_A}{P_{AC}}. \tag{2.51}$$

Für den Gesamtantriebsstrang-Wirkungsgrad gilt das Produkt des Leistungselektronik- und des E-Motor-Wirkungsgrades

$$\eta_{ges} = \eta_{LE} \cdot \eta_{EM} = \frac{P_A}{P_{DC,r}}. \tag{2.52}$$

Neben dem (erweiterten) Zylinderfüllgrad (vgl. Gleichung 2.38 und 2.39) kann weiterhin der indizierte isentrope Gütegrad mithilfe der indizierten Leistung P_{ind} nach Gleichung 2.49 als innere Bewertungsgröße definiert werden durch

$$\eta_{isen,ind} = \frac{P_{St,isen}}{P_{ind}} = \frac{\dot{m}_{eff} \cdot (h_{DSt,isen} - h_{SSt})}{P_{ind}}. \tag{2.53}$$

3 Modellierung eines Taumelscheibenverdichters

0D-/1D-Verdichter-Simulationsmodelle sind im Vergleich zu kennfeldbasierten Verdichtermodellen bei gleichzeitig geringfügig erhöhter Berechnungsdauer ein verbreiteter Ansatz zur physikalisch motivierten, vollständigen Beschreibung von Verdichtern verschiedener Bauarten. Im diesem Kapitel wird ein vollständiges 0D-/1D-Gesamt-Verdichtermodell unter Berücksichtigung der identifizierten Verlustbeitragsgrößen entwickelt. Die Teilmodelle des Verdichters mit konstantem Volumen der elektrischen Komponenten, des Triebraumes, der Kammern, des Zylinderblocks, der Stutzen und des Ölabscheiders werden als Punktmasse (nulldimensional) abgebildet. Die Lagerstellen der Welle werden ebenso nulldimensional beschrieben. Die Teilvolumen der Zylinder, die Dynamik der Kolben, die Dynamik der Ventile und die Wärmeübertragung im Ventildeckel werden eindimensional modelliert. Weiterhin werden ausgewählte Teile der Antriebswelle zur präzisen Beschreibung der Verdichterkinematik eindimensional abgebildet.

Die nachstehend beschriebenen Gleichungen des Verdichtermodells werden zur Simulation stationärer Betriebszustände des Verdichters verwendet. Thermische Kapazitäten von mechanischen Bauteilen werden im Gegensatz zu thermischen Kapazitäten der Kältemittelmasse innerhalb der Komponenten-Volumnina des Verdichters nicht modelliert. Abbildung 3.2 zeigt die Struktur des entwickelten Modellierungsansatzes für einen elektrisch angetriebenen Taumelscheibenverdichter. Die Fluid- (schwarz) und Wärmeströme (rot), die über die Kontrollvolumina-Grenzen der Teilmodelle übertragen werden, sind angegeben.

3.1 Thermodynamische und strömungsmechanische Modellierung

3.1.1 Bilanzgleichungen

Die in den folgenden Ausführungen beschriebenen Modellbilanzen für ein Kontrollvolumen (KV) beziehen sich jeweils auf diskrete Teilvolumina des Verdichters. Abbildung 3.1

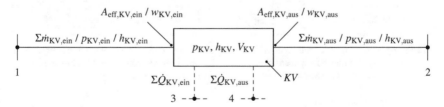

Abbildung 3.1: Fluid- und Wärmeströme für ein Kontrollvolumen des Simulationsmodells im stationären Betriebszustand

© Springer Fachmedien Wiesbaden GmbH, ein Teil von Springer Nature 2018
M. König, *Verlustmechanismen in einem halbhermetischen PKW-CO2-Axialkolbenverdichter*, AutoUni – Schriftenreihe 127,
https://doi.org/10.1007/978-3-658-23002-9_3

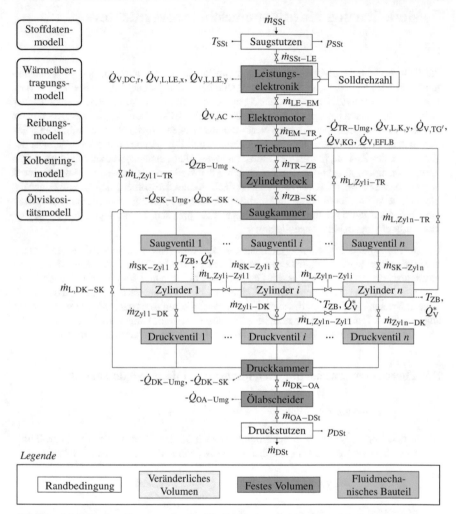

Abbildung 3.2: Strukturdiagramm des 0D-/1D-Simulationsmodells eines elektrisch angetriebenen Taumelscheibenverdichters mit Fluid- und Wärmeströmen an den Grenzen der Verdichterkomponenten-Kontrollvolumina ($\dot{Q}_V^* = \dot{Q}_{V,KB}$, $\dot{Q}_{V,KR}$)

zeigt die Bilanzsumme für ein Kontrollvolumen mit Fluid- und Wärmeübertragung an den Systemgrenzen. Lemke [93] beschreibt die Bilanz für ein diskretisiertes Kontrollvolumen zur Modellierung eines Wärmeübertragerelementes, basierend auf den Ausführungen von Tegethoff [132] für ein Fluid-Informationsfluss-Diagramm. Jedem Teilvolumen ist ein gekoppelter Informations- sowie Fluidzu- und Fluidabfluss zugeordnet [132]. Der Zu- und

Abfluss ist als Übergangsbeziehung jeweils mit dem direkt angrenzenden Volumen gekoppelt. Der endliche Raum zwischen zwei Teilvolumina wird idealisiert als masseloses abgeschlossenes System ohne Massen-, Wärme- und Arbeitsaustausch behandelt. Der Zustand des Fluids am Eingang und am Ausgang eines Teilvolumens wird über die gekoppelten intensiven Zustandsgrößen Druck, Temperatur und Stoffdichte sowie den Massen- und Enthalpiefluss beschrieben. Die intensiven Zustandsgrößen am Austrittszustand entsprechen jeweils dem Zustand in der Zelle [93]. Die Druckverlustinformation aufgrund des begrenzten Strömungsquerschnittes ist damit jeweils am Eintrittszustand des Volumens beschrieben. Für die Kältemittelmasse im zeitlich veränderlichen Kontrollvolumen gilt

$$\frac{\partial m_{KV}(t)}{\partial t} = V_{KV}(t) \cdot \frac{\partial \rho(t)}{\partial t} + \rho(t) \cdot \frac{\partial V_{KV}(t)}{\partial t}. \tag{3.1}$$

Unter der Voraussetzung einer homogenen Massenverteilung gilt für die Kältemittelmasse im Kontrollvolumen weiterhin für die Massenbilanz [141]

$$\frac{dm_{KV}(t)}{dt} = \sum_{i=1}^{n} \dot{m}_{KV,ein,i}(t) - \sum_{i=1}^{n} \dot{m}_{KV,aus,i}(t). \tag{3.2}$$

Unter Vernachlässigung der kinetischen und potentiellen Energieanteile sowie der über die Systemgrenzen übertragenen Anteile technischer Arbeit ergibt sich für homogen verteilte Zustandsgrößen innerhalb eines Kontrollvolumens die Energiebilanz gemäß [141]

$$\frac{dU_{KV}(t)}{dt} = \sum_{i=1}^{n} \dot{Q}_{KV,i}(t) + \sum_{i=1}^{n} \left(\dot{m}_{KV,ein,i}(t) \cdot h_{KV,ein,i}(t) \right) \tag{3.3}$$
$$- \sum_{i=1}^{n} \left(\dot{m}_{KV,aus,i}(t) \cdot h_{KV,aus,i}(t) \right) - p(t) \cdot \frac{dV_{KV}(t)}{dt}.$$

Die Energiebilanz lässt sich in Enthalpieschreibweise mit $h_{aus} = h$ formulieren als [93]

$$\frac{dh_{KV}(t)}{dt} = \frac{1}{m_{KV}(t)} \cdot \left(\sum_{i=1}^{n} \dot{Q}_{KV,i}(t) + \sum_{i=1}^{n} \left(\dot{m}_{KV,ein,i}(t) \cdot \left(h_{KV,ein,i}(t) - h_{KV}(t) \right) \right) \right) \tag{3.4}$$
$$+ V_{KV}(t) \cdot \frac{dp(t)}{dt} \Bigg).$$

Die Stoffeigenschaften des Kältemittels werden mithilfe von Zustandsgleichungen für den Reinstoff CO_2 nach Span und Wagner [129] beschrieben. Die Transportgrößen des Kältemittels CO_2 werden nach Vesovic et al. [140] beschrieben. Als Stoffdatenbibliothek wird TIL-Media® (Version: 3.2.3) verwendet. Eine Berücksichtigung der Stoffeigenschaften von Kältemittel-Öl-Gemischen erfolgt ausschließlich für den Modellansatz der Lagerreibung (vgl. Unterabschnitt 3.2.5).

3.1.2 Wärmeübergangsbeziehungen

Zwischen der Gasmasse im Zylinder und der Zylinderwand ergibt sich der Wärmestrom

$$\dot{Q}_{Zyl}(t) = \alpha_{Zyl}(t) \cdot A_{Zyl}(t) \cdot \left(T_{Zyl}(t) - T_{Zyl,Wa}(t) \right). \tag{3.5}$$

Die Bestimmung des Wärmeübergangskoeffizienten erfolgt nach Disconzi et al. [29] (vgl. Abschnitt B.1 im Anhang). Die messtechnisch erfassbare Temperatur des Zylinderblocks im Bereich der Zylinderlaufbuchse entspricht vereinfachend der Temperatur an der Zylinderwand

$$T_{ZB} \approx T_{Zyl,Wa}. \tag{3.6}$$

Es gilt weiterhin für die relevante Fläche der Wärmeübertragung am Zylinder(-mantel) unter Berücksichtigung des zylinderseitigen Anteils der Ventilplatte, jedoch ohne Kolbenfläche

$$A_{Zyl}(t) = A_{Zyl,M}(t) + A_{Zyl,VP}. \tag{3.7}$$

Die Temperatur des Zylindermantels und die Temperatur des zylinderseitigen Teils der Ventilplatte werden gleichgesetzt. Für den Verdichtungsprozess eines Kolbenverdichters ist unabhängig von der spezifischen Ausführung des Zylinderraumes für steigende Drehzahlen ein zunehmend adiabat isentropes Verhalten der Zustandsänderung der Verdichtung und Rückexpansion zu erwarten. Für geringe Drehzahlen ergibt sich aufgrund der längeren Verweilzeit der Gasmasse im Zylinder die Möglichkeit einer gesteigerten Wärmeübertragung über die Zylinderlaufbuchsen (zunehmend isothermes Verhalten). Die aufgeführten Wärmeübergangsbeziehungen berücksichtigen für geringe Drehzahlen, dass der Wärmeübergang am Zylinder aufgrund der geringen Kolbengeschwindigkeit gehemmt ist und sich die Effekte der längeren Verweilzeit und der ungünstigeren Konvektionsbedingungen der Wärmeübertragung am Zylinder in begrenztem Umfang kompensieren können.

Der im Rahmen der Verdichter-Modellierung abgebildete Betrieb des Verdichters berücksichtigt konstante Umgebungstemperatur-Bedingungen. Über die Oberfläche der sich im Betrieb erwärmenden Verdichterkomponenten wird durch freie Konvektion Wärme an die Umgebungsluft transportiert (vgl. Abbildung 3.2)

$$\dot{Q}_{Umg}(t) = \alpha_{Umg} \cdot A_{eff} \cdot \left(T_{SK/DK}(t) - T_{Umg} \right). \tag{3.8}$$

Für den Wärmeübergangskoeffizienten der Wärmeübertragung von den metallischen Oberflächen des Verdichters an die Umgebung wird ein mittlerer Wärmeübergangskoeffizient von $15\,\text{W/m}^2/\text{K}$ für freie Konvektion angenommen.

Abbildung 3.3 zeigt schematisch den Temperaturverlauf an den sich gegenüberliegenden Kammern des Ventildeckels. Aufgrund eines verhältnismäßig dünnen Steges und einer typischerweise erheblichen Temperaturdifferenz zwischen dem Saug- und Druckkammertemperaturniveau kann ein beträchtlicher Wärmestrom von der Druckkammer in die Saugkammer erwartet werden. Zur Bestimmung des Wärmestromes zwischen der Druck- und Saugkammer wird der Wärmeübergangskoeffizient gemäß

$$\alpha(t) = \frac{Nu(t) \cdot \lambda(t)}{d_i} \tag{3.9}$$

sowie die Reynolds-Zahl gemäß

$$Re(t) = \frac{w(t) \cdot d_i}{\nu(t)} \tag{3.10}$$

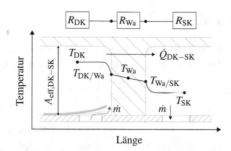

Abbildung 3.3: Schematische Darstellung der Wärmeübergangsbedingungen am Ventildeckel des Verdichters im Bereich der Saug- und Druckkammer

bestimmt. Im Vergleich zu bestehenden Ansätzen (vgl. [105, 93]) wird in der vorliegenden Arbeit der Durchmesser d_i und die charakteristische Länge l für die spezifische Geometrie der Saug- und Druckkammer mit dem hydraulischen Durchmesser und der äquivalenten Länge eines durchströmten Rohres beschrieben. Es wird eine zeitlich gemittelte Strömungslänge in den Kammern zugrunde gelegt. Für eine vollausgebildete turbulente Rohrströmung gilt für die dimensionslose mittlere Nußelt-Zahl bei $10^4 \leq Re \leq 10^6$, $10^{-1} \leq Pr \leq 10^3$ und $d_i/l \leq 1$ [48]

$$Nu(t) = \frac{\zeta(t)/8 \cdot Re(t) \cdot Pr(t)}{1 + 12{,}7 \cdot \sqrt{\zeta(t)/8} \cdot \left(Pr(t)^{2/3} - 1\right)} \left[1 + \left(\frac{d_i}{l}\right)^{2/3}\right] \qquad (3.11)$$

mit der Reynolds- (Re) und Prandtl-Zahl (Pr). Mit dem Druckverlustbeiwert

$$\zeta(t) = \frac{1}{\left(1{,}8 \cdot \log_{10}\left(Re(t)\right) - 1{,}5\right)^2}. \qquad (3.12)$$

Für den thermischen Gesamtwiderstand gilt (vgl. Abbildung 3.3)

$$R_{\text{ges}}(t) = R_{\text{SK}}(t) + R_{\text{Wa}} + R_{\text{DK}}(t) \qquad (3.13)$$

$$= \left(\frac{1}{\alpha_{\text{SK}}(t)} + \frac{s}{\lambda_{\text{Wa}}} + \frac{1}{\alpha_{\text{DK}}(t)}\right) \cdot \frac{1}{A_{\text{eff,DK-SK}}}.$$

Für den Wärmestrom zwischen der Druck- und Saugkammer gilt schließlich

$$\dot{Q}_{\text{DK-SK}}(t) = \frac{1}{R_{\text{ges}}(t)} \cdot \left(T_{\text{DK}}(t) - T_{\text{SK}}(t)\right). \qquad (3.14)$$

3.1.3 Düsen- und Ventilströmung

Der ein- und austretende Massenstrom unter Berücksichtigung von Rückströmungseffekten für ein Kontrollvolumen (vgl. Abbildung 3.1) kann beschrieben werden durch die Ansätze

$$
\dot{m}_{KV,ein} = \begin{cases} A_{eff,KV,ein} \cdot \sqrt{2 \cdot \rho_{KV,ein} \cdot (p_{KV,ein} - p_{KV})} & \text{für } p_{KV,ein} > p_{KV} \\ -A_{eff,KV,ein} \cdot \sqrt{2 \cdot \rho_{KV} \cdot (p_{KV} - p_{KV,ein})} & \text{für } p_{KV} > p_{KV,ein} \end{cases} \tag{3.15}
$$

$$
\dot{m}_{KV,aus} = \begin{cases} A_{eff,KV,aus} \cdot \sqrt{2 \cdot \rho_{KV,aus} \cdot (p_{KV,aus} - p_{KV})} & \text{für } p_{KV,aus} > p_{KV} \\ -A_{eff,KV,aus} \cdot \sqrt{2 \cdot \rho_{KV} \cdot (p_{KV} - p_{KV,aus})} & \text{für } p_{KV} > p_{KV,aus} \end{cases} \tag{3.16}
$$

Die Beschreibung des Massenstromes anhand der Bernoulli-Gleichung eignet sich für die Strömungsbeschreibung durch vergleichsweise große Querschnitte für ein inkompressibles Fluid unter reibungsfreien Bedingungen. Weiterhin wird eine horizontale stationäre Strömung vorausgesetzt [12]. Vergleichsweise geringe Druckverluste treten bei dem hier betrachteten elektrisch angetriebenen Verdichter bei der Durchströmung des Saug- und des Druckstutzens, des E-Motors, des Triebraumes, des Zylinderblockes sowie der Saug- und Druckkammer auf.

Für die Strömungsbeschreibung bei vergleichsweise geringen Querschnitten, wie beispielsweise an den Verdichterventilen oder am Eintritt in den Ölabscheider, ist aufgrund der Strömungseinschnürung am engsten Querschnitt und der Kompressibilität des Gases ein erweiterter Ansatz zu verwenden. Abbildung 3.4 zeigt einen typischen konstruktiven Aufbau jeweils eines selbsttätigen Saug- und Drucklamellenventils. Unter Berücksichtigung

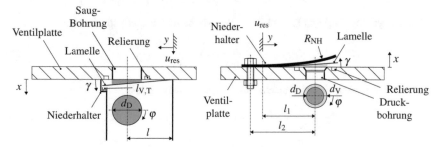

Abbildung 3.4: Schema des Saug- und Druckventils mit geometrischer Parametrisierung (für das Saugventil gilt $d_V = d_D$)

des Durchgangsquerschnittes am Hubspalt des Ventils ergeben sich insbesondere für die Verdichterventile vergleichsweise geringe Querschnitte. Der Durchgangsquerschnitt der Ventile kann bestimmt werden mit [7]

$$
A_V(x) = \int_0^{2\pi} \left(u_{res} \cdot \left(1 + \sin(\varphi) \cdot \frac{d_D}{2} \right) \cdot \frac{d_D}{2} \right) d\varphi. \tag{3.17}
$$

Dabei beschreibt u_{res} die Biegelinie für die Lamelle unter Berücksichtigung der Begrenzerkontur in Abhängigkeit von der Ventilauslenkung x. Für typische Niederhaltergeometrien in Kältemittelverdichtern mit Lamellen-Öffnungswinkeln von weniger als fünf Winkelgrad gilt

$$A_V(x) \approx \pi \cdot d_V \cdot x. \tag{3.18}$$

Für den Düsenquerschnitt der Ventilbohrungsfläche gilt

$$A_D = \frac{\pi \cdot d_D^2}{4}. \tag{3.19}$$

Das Hubspaltverhältnis des Ventils wird als das Verhältnis des Durchgangsquerschnittes des Ventils zum Querschnitt des äquivalenten Düsendurchmessers definiert

$$X(x) = \frac{A_V(x)}{A_D} = \frac{4 \cdot x \cdot d_V}{d_D^2}. \tag{3.20}$$

Frenkel [44] verwendet für verschiedene Düsen- und Ventilbauarten mit unterschiedlicher Geometrie den allgemeinen erweiterten Bernoulli-Ansatz für eine reibungsfreie kompressible Beschreibung des Massenstroms

$$\dot{m} = \alpha \cdot \varepsilon \cdot A \cdot \sqrt{2 \cdot \rho_{ein} \cdot (p_{ein} - p_{aus})} \tag{3.21}$$

Die Durchflusskennzahl α nähert sich bei genügend weit geöffnetem Ventil der Durchflusskennzahl der äquivalenten Düse an. Touber [138] zeigt für Lamellenventile, dass die Durchflusskennzahl auch stark von der Bohrungsgeometrie des Ventils abhängig ist. Die Durchflusskennzahl berücksichtigt Strömungseffekte der Strahlkontraktion und der inneren Fluidreibung. Böswirth [12] beschreibt die Durchflusskennzahl als das Produkt der Strahlkontraktionszahl und der Geschwindigkeitskennzahl

$$\alpha = \alpha_S \cdot \alpha_G. \tag{3.22}$$

In Abhängigkeit vom Hubspaltverhältnis gilt für die Strahlkontraktionszahl

$$\alpha_S = \begin{cases} 0,611 & \text{für } 0 < X \leq 0,25 \\ 0,64 - 0,1123 \cdot X & \text{für } 0,25 < X < 3 \end{cases} \tag{3.23}$$

und die Geschwindigkeitskennzahl

$$\alpha_G = \frac{1}{\sqrt{1 + \zeta \cdot (\alpha_S \cdot X)^2}}. \tag{3.24}$$

Der Verlustbeiwert ζ wird zu 0,5 angenommen [7]. Weiterhin ist für die Durchströmung von Düsen oder Ventilen bei hohen Mach-Zahlen die Kompressibilität des Gases zu betrachten. Für die Kompressibilität des Gases gilt mit einem modifizierten Ansatz nach Touber [138] unter Berücksichtigung von Rückströmungseffekten am Ventil [7]

$$\varepsilon = 1 - \frac{\xi}{\kappa} \cdot \frac{|p_{ein} - p_{aus}|}{\max(p_{ein}, p_{aus})} \tag{3.25}$$

mit dem Isentropenexponenten κ und dem empirischen Faktor ξ zur Berücksichtigung der Gasexpansion an einer spezifischen Ventilgeometrie. Für eine scharfkantige Ventilgeometrie kann ξ zu 0,5 angenommen werden [138]. Die Strömungsbeziehungen am engen Eintrittsquerschnitt in den Ölabscheider werden analog der zuvor beschriebenen Parameter für eine Düse formuliert.

3.2 Modellierung mechanischer Verdichter-Komponenten

Infolge von Dissipationsarbeit steigt der Bedarf für die Zufuhr der technischen Arbeit an der Antriebswelle des Verdichters im Vergleich zur indizierten Arbeit. Ein wesentlicher Anteil der Dissipationsarbeit ergibt sich aufgrund von Reibungsvorgängen im Verdichter. Die im vorliegenden Taumelscheibenverdichter vorwiegend auftretenden Reibungsverluste des mechanischen Abtriebes ergeben sich auf Grundlage der Verdichterkinematik durch folgende Reibpaarungen

- Wälzkörper/Lagerringe der Lager
- Kolbenring/Laufbuchse
- Kolben/Laufbuchse
- Taumelscheibe/Gleitstein
- Kolben/Gleitstein

Die Reibungsverluste durch Anschlagen der Kolbengabel an die Verdrehsicherung des Zylinderblocks (vgl. Abbildung 2.4) werden nicht berücksichtigt. Baumgart [7] bestätigt anhand seines Simulationsmodells für einen konventionellen R-134a-Taumelscheibenverdichter, dass dieser Beitrag gegenüber den weiteren Reibungsverlusten im Verdichter vernachlässigt werden kann.

Weiterhin werden die Planschverluste der Taumelscheibe und der Kolben aufgrund von viskoser Reibung im ölgefüllten Triebraum des Verdichters im Simulationsmodell im Triebraum vernachlässigt. Eine Abschätzung für Planschverluste im Getriebe erfolgt von Gorla et al. [49] mithilfe von mehrdimensionaler CFD-Simulation. Eine einfache analytische Abschätzung der Planschverluste aufgrund von viskoser Reibung kann anhand des Strömungswidestandes erfolgen. Es wird die vereinfachte Annahme einer reibungsbehafteten Körperumströmung fünf längs angeströmter Zylinder (Kolben) und einer quer angeströmten Kreisscheibe (Taumelscheibe) getroffen. Damit ergibt sich eine vernachlässigbare Verlustleistung von 0,1 bis 8,5 W (<0,1 % der Gesamtleistung) für einen vollständig ölgefüllten Triebraum des Verdichters.

3.2.1 Kinematische Beziehungen am Kolben

Der Zusammenhang zwischen dem Drehwinkel der Antriebswelle und dessen Drehzahl kann beschrieben werden durch die zeitlichen Ableitungen der genannten Größen

$$\ddot{\varphi}_A(t) = \dot{f}_A(t) \cdot 2 \cdot \pi. \tag{3.26}$$

Für eine ganzzahlige Anzahl von Zylindern ($z \geq 1$) ergibt sich für den i-ten Zylinder jeweils der versetzte Drehwinkel zu [15]

$$\varphi_{A,i}(t) = \frac{(i-1) \cdot 2 \cdot \pi}{z}. \tag{3.27}$$

Abbildung 3.5 zeigt einen Ausschnitt der Antriebswelle mit der Taumelscheibe und der auf derselben über Gleitsteine gelagerten Kolbeneinheit. Zylinder 1 befindet sich in der vorliegenden Verdichterkonfiguration in der Antriebswellen-Mittelachse in der x-y-Ebene des globalen (feststehenden) Koordinatensystems in der Mittelachse der Antriebswelle bei $y > 0$.

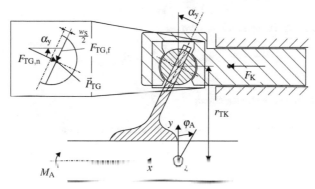

Abbildung 3.5: Geometrische Parametrisierung der Triebwerkskonfiguration in der x-y-Ebene (Zylinder 1, $\varphi_A = 0°$)

Die Kolbenposition in x-Richtung ergibt sich mit dem festen Neigungswinkel der Taumelscheibe α durch den Zusammenhang [15, 99]

$$\vec{P}_{\text{TG,x}} = r_{\text{TK}} \cdot \tan\left(\alpha\right) \cdot \left(1 - \cos\left(\varphi_{\text{A}}\right)\right). \tag{3.28}$$

Für die Kolbengeschwindigkeit gilt

$$\dot{\vec{P}}_{\text{TG,x}} = r_{\text{TK}} \cdot \left\{ \left(\frac{1}{\cos^2\left(\alpha\right)}\right) \cdot \left[1 - \cos\left(\varphi_{\text{A}}\right)\right] \cdot \dot{\alpha} + \tan\left(\alpha\right) \cdot \sin\left(\varphi_{\text{A}}\right) \cdot \dot{\phi}_{\text{A}} \right\}. \tag{3.29}$$

Für Verdichter mit fester Neigung der Taumelscheibe ergibt sich ein vereinfachter Zusammenhang

$$\dot{\vec{P}}_{\text{TG,x}} = r_{\text{TK}} \cdot \tan\left(\alpha\right) \cdot \sin\left(\varphi_{\text{A}}\right) \cdot \dot{\phi}_{\text{A}}. \tag{3.30}$$

Für die Kolbenbeschleunigung gilt weiterhin

$$\begin{aligned}
\ddot{\vec{P}}_{\text{TG,x}} = r_{\text{TK}} \cdot \Bigg\{ &\left(\frac{1}{\cos^2\left(\alpha\right)}\right) \cdot \Big[2 \cdot \tan\left(\alpha\right) \cdot \dot{\alpha}^2 \cdot \left(1 - \cos\left(\varphi_{\text{A}}\right)\right) \\
&+ \ddot{\alpha} \cdot \left(1 - \cos\left(\varphi_{\text{A}}\right)\right) + 2 \cdot \dot{\alpha} \cdot \sin\left(\varphi_{\text{A}}\right) \cdot \dot{\phi}_{\text{A}} \\
&+ \tan\left(\alpha\right) \cdot \left(\cos\left(\varphi_{\text{A}}\right) \cdot \dot{\phi}_{\text{A}}^2 + \sin(\varphi_{\text{A}}) \cdot \ddot{\phi}_{\text{A}}\right)\Big] \Bigg\}.
\end{aligned} \tag{3.31}$$

Es gilt wiederum bei fester Neigung der Taumelscheibe eine vereinfachte Form

$$\ddot{\vec{P}}_{\text{TG,x}} = r_{\text{TK}} \cdot \tan\left(\alpha\right) \cdot \left(\cos\left(\varphi_{\text{A}}\right) \cdot \dot{\varphi}_{\text{A}}^2 + \sin\left(\varphi_{\text{A}}\right) \cdot \ddot{\varphi}_{\text{A}}\right). \tag{3.32}$$

Für das Zylindervolumen gilt

$$V_{\text{Zyl}} = V_{\text{Hub}} + V_{\text{Schad}} \tag{3.33}$$

mit dem effektiven Hubvolumen des Zylinders

$$V_{\text{Hub}} = \frac{\pi \cdot d_{\text{LB}}^2}{4} \cdot \vec{P}_{\text{TG,x}}. \tag{3.34}$$

3.2.2 Gleitstein- und Kolbendynamik

Für einen sich ändernden Neigungswinkel der Taumelscheibe relativ zur y-Achse gilt [7]

$$\alpha_{\text{y}} = \arctan\left(\cos(\varphi_{\text{A}}) \cdot \tan(\alpha)\right). \tag{3.35}$$

Die Neigung der Taumelscheibe relativ zur z-Achse beträgt

$$\alpha_{\text{z}} = \arctan\left(\sin(\varphi_{\text{A}}) \cdot \tan(\alpha)\right). \tag{3.36}$$

Im Kontakt zwischen dem Gleitstein und der Taumelscheibe wirkt aufgrund der Kolbenkraft eine Reaktionskraft (Normalkraft) von der Taumelscheibe in Richtung Gleitstein gemäß

$$\vec{F}_{\text{TG,n}} = F_{\text{K}} \cdot \vec{f}_{\text{TG,n}} \tag{3.37}$$

mit dem Richtungsvektor $\vec{f}_{\text{TG,n}}$ für $F_{\text{K}} > 0$

$$\vec{f}_{\text{TG,n}} = \begin{pmatrix} -1 \\ -\cos(\varphi_{\text{A}}) \cdot \tan(\alpha) \\ -\sin(\varphi_{\text{A}}) \cdot \tan(\alpha) \end{pmatrix}. \tag{3.38}$$

Für eine negative Kolbenkraft $F_{\text{K}} < 0$ gilt für $\vec{f}_{\text{TG,n}}$ der gleiche Zusammenhang mit jeweils negativem Vorzeichen. Entgegengesetzt der Kraft $\vec{F}_{\text{TG}}$ von der Taumelscheibe auf den Gleitstein wirkt im Kontakt zwischen dem Gleitstein und der Taumelscheibe die Kraft $\vec{F}_{\text{GT}}$ mit dem Richtungsvektor $\vec{f}_{\text{GT}}$. Mithilfe der Kolbenkraft F_{K} ergibt sich damit die Kraft vom Gleitstein auf die Taumelscheibe durch

$$\vec{F}_{\text{GT}} = F_{\text{K}} \cdot \vec{f}_{\text{GT,norm}}. \tag{3.39}$$

Es gilt für den normierten Richtungsvektor

$$\vec{f}_{\text{TG,norm}} = \frac{\vec{f}_{\text{TG,n}} + \vec{f}_{\text{TG,f}}}{||\vec{f}_{\text{TG,n}} + \vec{f}_{\text{TG,f}}||}. \tag{3.40}$$

Es gilt weiterhin für die sich gegenüber liegenden Richtungsvektoren

$$\vec{f}_{\text{GT,norm}} = -\vec{f}_{\text{TG,norm}}. \tag{3.41}$$

Aufgrund der Relativbewegung zwischen dem Gleitstein und der Taumelscheibe entsteht eine Reibkraft $\vec{F}_{\mathrm{TG,f}}$ mit dem Richtungsvektor $\vec{f}_{\mathrm{TG,f}}$. Es wird angenommen, dass die Reibkräfte nur in der x-z-Ebene übertragen werden [7]

$$\vec{f}_{\mathrm{TG,f}} = \begin{pmatrix} \sin(\alpha_z) \\ 0 \\ \cos(\alpha_z) \end{pmatrix}. \tag{3.42}$$

Für den normierten Richtungsvektor der Reibkraft gilt

$$\vec{f}_{\mathrm{TG,f,norm}} = \frac{\vec{f}_{\mathrm{TG,f}}}{||\vec{f}_{\mathrm{TG,f}}||}. \tag{3.43}$$

Die Reibkraft im Kontakt zwischen der Taumelscheibe und dem Gleitstein ergibt sich mit Hilfe der Normalkraft von der Taumelscheibe auf den Gleitstein und dem Richtungsvektor zu

$$\vec{F}_{\mathrm{TG,f}} = ||F_{\mathrm{TG,n}}|| \cdot \vec{f}_{\mathrm{TG,f,norm}} \cdot \mu_{\mathrm{f,TG}}. \tag{3.44}$$

Es wird die Reibungszahl $\mu_{\mathrm{f,TG}}$ zwischen Taumelscheibe und Gleitstein berücksichtigt. Der Kolben-Taumelscheibenkontakt mit Gleitstein-Lagerung wird vereinfachend als Kugelgelenk abgebildet. Es können dabei ausschließlich Kräfte, jedoch keine Drehmomente übertragen werden. Die Position des Reibkontaktes im Schnittpunkt der Mittelachse des Gleitsteins und der Taumelscheibe ergibt sich im feststehenden Koordinatensystem für $F_{\mathrm{K}} > 0$ und geringe Neigungswinkel der Taumelscheibe gemäß (vgl. Abbildung 3.5)

$$\vec{P}_{\mathrm{TG}} = \begin{pmatrix} \vec{P}_{\mathrm{TG,x}} - \frac{w_{\mathrm{s}}}{2} \\ r_{\mathrm{TK}} \cdot \cos\left(\varphi_{\mathrm{A}}\right) \\ -r_{\mathrm{TK}} \cdot \sin\left(\varphi_{\mathrm{A}}\right) \end{pmatrix} \tag{3.45}$$

mit der Änderungsgeschwindigkeit

$$\dot{\vec{P}}_{\mathrm{TG}} = \begin{pmatrix} \dot{\vec{P}}_{\mathrm{TG,x}} \\ -r_{\mathrm{TK}} \cdot \sin\left(\varphi_{\mathrm{A}}\right) \cdot \dot{\varphi}_{\mathrm{A}} \\ -r_{\mathrm{TK}} \cdot \cos\left(\varphi_{\mathrm{A}}\right) \cdot \dot{\varphi}_{\mathrm{A}} \end{pmatrix}. \tag{3.46}$$

Für $F_{\mathrm{K}} < 0$ gilt der gleiche Zusammenhang des Kraftangriffsvektors zwischen Taumelscheibe und Gleitstein mit negativem Vorzeichen. Im Vergleich zu den ausführlichen Arbeiten von Bebber [8], Cavalcante [15] und Baumgart [7] zur Beschreibung der Gleitsteindynamik wird in der vorliegenden Arbeit erstmalig auch die reibungsbehaftete Verkippung des Gleitsteins an der Taumelscheibe in allen drei Raumrichtungen berücksichtigt. Die Verkippung des Gleitsteins an der Taumelscheibe bewirkt wiederum eine Änderung der gekoppelten Kolbendynamik. Die drehwinkelabhängige Verkippung des Gleitsteins auf der Taumelscheibe ergibt sich für eine endliche Dicke der Taumelscheibe w_{S}. Abbildung 3.6 zeigt die geometrischen Randbedingungen der Gleitsteinverkippung für die Kolben-OT-Lage von Zylinder 1.

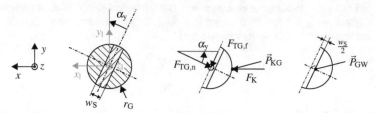

Abbildung 3.6: Gleitsteinverkippung an der Taumelscheibe in der x-y-Ebene (Zylinder 1, $\varphi_A{=}0°$)

Die Position des Schnittpunktes zwischen der Gleitstein-Mittelachse und der Taumelscheibe ergibt sich im lokalen Koordinatensystem des Gleitsteins mit $F_K > 0$

$$\vec{P}_{GW} = \begin{pmatrix} (1 - \cos|\alpha_y| - \cos|\alpha_z|) \\ \sin(\alpha_y) \\ \sin(\alpha_z) \end{pmatrix} \cdot \frac{w_S}{2}. \tag{3.47}$$

Für die Geschwindigkeit des Punktes im Raum gilt

$$\dot{\vec{P}}_{GW} = \begin{pmatrix} \sin|\alpha_y| \cdot \dot{\alpha}_y + \sin|\alpha_z| \cdot \dot{\alpha}_z \\ \cos(\alpha_y) \cdot (\dot{\alpha}_y) \\ \cos(\alpha_z) \cdot (\dot{\alpha}_z) \end{pmatrix} \cdot \frac{w_S}{2}. \tag{3.48}$$

Mit $F_K < 0$ gelten für $\vec{P}_{GW}$ die gleichen Beziehungen mit negativem Vorzeichen. Der Anteil der Bewegung des Gleitsteins in x-Richtung ist relativ gering und bewegt sich im Bereich weniger Mikrometer für typische Pkw-Taumelscheibenverdichter-Geometrien. Die Positionsänderung in y- und z-Richtung beträgt dagegen bis zu 150 μm. Für den Richtungsvektor der resultierenden Reibkraft aufgrund der Gleitsteinverkippung gilt

$$\vec{f}_{GW,f} = \begin{pmatrix} -\frac{\dot{P}_{GW,x}}{|\dot{\vec{P}}_{GW,x}|} \cdot \left(\sin|\alpha_y| + \sin|\alpha_z|\right) \\ -\frac{\dot{P}_{GW,y}}{|\dot{\vec{P}}_{GW,y}|} \cdot \cos(\alpha_y) \\ -\frac{\dot{P}_{GW,z}}{|\dot{\vec{P}}_{GW,z}|} \cdot \cos(\alpha_z) \end{pmatrix} \approx \begin{pmatrix} 0 \\ -\frac{\dot{P}_{GW,y}}{|\dot{\vec{P}}_{GW,y}|} \cdot \cos(\alpha_y) \\ -\frac{\dot{P}_{GW,z}}{|\dot{\vec{P}}_{GW,z}|} \cdot \cos(\alpha_z) \end{pmatrix}. \tag{3.49}$$

Für den normierten Richtungsvektor der resultierenden Reibkraft gilt

$$\vec{f}_{GW,f,norm} = \frac{\vec{f}_{GW,f}}{||\vec{f}_{GW,f}||}. \tag{3.50}$$

Die Reibkraft im Kontakt zwischen der Taumelscheibe und dem Gleitstein ergibt sich mit Hilfe der Normalkraft von der Taumelscheibe auf den Gleitstein, dem Richtungsvektor der Reibkraft und der Reibungszahl des Reibkontaktes zu

$$\vec{F}_{GW,f} = ||F_{TG,n}|| \cdot \vec{f}_{GW,f,norm} \cdot \mu_{f,TG}. \tag{3.51}$$

Die Passung zwischen der Zylinderlaufbuchse und des Kolbens ist grundsätzlich als Spiel-passung ausgeführt. Damit kann sich in Abhängigkeit von den am Kolben angreifenden Kräften das Phänomen einer Kolbenverkippung in der Zylinderlaufbuchse ergeben (vgl. [8]). Abbildung 3.7 zeigt beispielhaft die Kolbenverkippung für Zylinder 1 in der Kolben-OT-Lage.

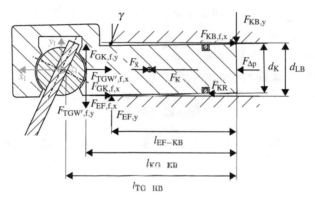

Abbildung 3.7: Kräftegleichgewicht am verkippten Kolben in der x-y-Ebene (Zylinder 1, $\varphi_A{=}0°$)

Der Kippwinkel des Kolbens γ, bezogen auf den Winkel zwischen der Mittelachse des Kolbens und derjenigen der Zylinderlaufbuchse in der x-y-Ebene, ergibt sich für geringe Kipp-winkel des Kolbens gemäß

$$\gamma = \arcsin\left(\frac{d_{LB} - d_K}{l_{EF-KB}} \right).$$
(3.52)

Durch die Verkippung des Kolbens in der Laufbuchse ergibt sich eine Änderung der Gleit-steinposition auf der Taumelscheibe. Für geringe Neigungswinkel der Taumelscheibe gilt

$$l_{TG-KB,\gamma} = \tan(\gamma) \cdot \left(l_{KG-KB} + r_G - \frac{w_S}{2} \right).$$
(3.53)

Für die relative Änderung des Kraftangriffspunktes zwischen der Taumelscheibe und dem Gleitstein ergibt sich durch die Kolbenverkippung eine Positionsänderung des Kraftangriffs-punktes im lokalen Koordinatensystem. Für geringe Neigungswinkel der Scheibe gilt (vgl. Abbildung 3.7)

$$\vec{P}_{TG'} = \begin{pmatrix} -\tan|\alpha_y| \cdot \vec{P}_{TG',y} + \tan|\alpha_z| \cdot \vec{P}_{TG',z} - \frac{w_S}{2} \\ -\cos(\varphi_A) \cdot l_{TG-KB,\gamma} \\ \sin(\varphi_A) \cdot l_{TG-KB,\gamma} \end{pmatrix}.$$
(3.54)

Die Positionsänderungsgeschwindigkeit ergibt sich durch

$$\dot{\vec{P}}_{TG'} = \begin{pmatrix} -\frac{1}{\cos^2|\alpha_y|} \cdot \dot{\alpha}_y \cdot \vec{P}_{TG',y} - \tan|\alpha_y| \cdot \dot{\vec{P}}_{TG',y} + \frac{1}{\cos^2|\alpha_z|} \cdot \dot{\alpha}_z \cdot \vec{P}_{TG',z} + \tan|\alpha_z| \cdot \dot{\vec{P}}_{TG',z} \\ \sin(\varphi_A) \cdot l_{TK,\gamma} \cdot \dot{\varphi}_A \\ \cos(\varphi_A) \cdot l_{TK,\gamma} \cdot \dot{\varphi}_A \end{pmatrix}.$$
(3.55)

Für $F_K < 0$ gelten die gleichen Beziehungen mit geändertem Vorzeichen für $\vec{P}_{TG'}$. Für den Richtungsvektor der Reibkraft gilt

$$\vec{f}_{TG',f} = \begin{pmatrix} -\dfrac{\dot{\vec{P}}_{TG',x}}{|\dot{\vec{P}}_{TG',x}|} \cdot \sin|\alpha_y| \\ -\dfrac{\dot{\vec{P}}_{TG',y}}{|\dot{\vec{P}}_{TG',y}|} \cdot \cos(\alpha_y) \\ -\dfrac{\dot{\vec{P}}_{TG',z}}{|\dot{\vec{P}}_{TG',z}|} \cdot \cos(\alpha_z) \end{pmatrix} \approx \begin{pmatrix} 0 \\ -\dfrac{\dot{\vec{P}}_{TG',y}}{|\dot{\vec{P}}_{TG',y}|} \cdot \cos(\alpha_y) \\ -\dfrac{\dot{\vec{P}}_{TG',z}}{|\dot{\vec{P}}_{TG',z}|} \cdot \cos(\alpha_z) \end{pmatrix}. \tag{3.56}$$

Für den normierten Richtungsvektor gilt

$$\vec{f}_{TG',f,norm} = \frac{\vec{f}_{TG',f}}{||\vec{f}_{TG',f}\cdot||} \tag{3.57}$$

Die Reibkraft zwischen der Taumelscheibe und dem Gleitstein ergibt sich mit der Normalkraft von der Taumelscheibe auf den Gleitstein, dem Richtungsvektor und der Reibungszahl zu

$$\vec{F}_{TG',f} = ||F_{TG,n}|| \cdot \vec{f}_{TG',f,norm} \cdot \mu_{f,TG}. \tag{3.58}$$

Durch die Kolbenverkippung ergibt sich eine resultierende überlagerte Positionsänderung des Kraftangriffspunktes zwischen der Taumelscheibe und dem Gleitstein

$$\vec{P}_{TGW'} = \vec{P}_{TG} + \vec{P}_{GW} + \vec{P}_{TG'}. \tag{3.59}$$

Für die resultierende überlagerte Reibkraft gilt

$$\vec{F}_{TGW',f} = \vec{F}_{TG,f} + \vec{F}_{GW,f} + \vec{F}_{TG',f}. \tag{3.60}$$

Für die resultierende Gesamtkraft von der Taumelscheibe auf den Gleitstein gilt

$$\vec{F}_{TGW'} = \vec{F}_{TG,n} + \vec{F}_{TGW',f}. \tag{3.61}$$

Die Kraft vom Gleitstein auf die Taumelscheibe steht entgegensetzt zu derselben

$$\vec{F}_{GTW'} = -\vec{F}_{TGW'}. \tag{3.62}$$

Für die Summe der Reibleistungen zwischen der Taumelscheibe und den Gleitsteinen gilt

$$P_{f,TGW'} = \sum_{i=1}^{n_{Zyl}} ||F_{TG,n,i}|| \cdot ||\dot{\vec{P}}_{TGW',i}|| \cdot \mu_{f,TG}. \tag{3.63}$$

Der Angriffspunkt der Kraft von der Kolbenkalotte ($F_K > 0$) auf den Gleitstein ergibt sich im lokalen Koordinatensystem zu (vgl. Abbildung 3.6)

$$\vec{P}_{KG} = \begin{pmatrix} (1 - \cos|\alpha_y| - \cos|\alpha_z|) \\ \sin(\alpha_y) \\ \sin(\alpha_z) \end{pmatrix} \cdot r_G. \tag{3.64}$$

Für die Relativgeschwindigkeit des Angriffspunktes auf der gewölbten Oberfläche des Gleitsteines gilt

$$\dot{\vec{P}}_{KG} = \begin{pmatrix} \sin|\alpha_y| \cdot \dot{\alpha}_y + \sin|\alpha_z| \cdot \dot{\alpha}_z \\ \cos(\alpha_y) \cdot (\dot{\alpha}_y) \\ \cos(\alpha_z) \cdot (\dot{\alpha}_z) \end{pmatrix} \cdot r_G. \tag{3.65}$$

Für $F_K < 0$ (Kraft von der Kolbengabel auf den Gleitstein) gelten die gleichen Beziehungen für $\dot{\vec{P}}_{KG}$ mit negativem Vorzeichen. Für den Richtungsvektor der Reibkraft zwischen der Kolbenkalotte und dem Gleistein gilt

$$\vec{f}_{KG,f} = \begin{pmatrix} -\frac{\dot{P}_{KG,x}}{|\dot{\vec{P}}_{KG,x}|} \cdot \left(\sin|\alpha_y| + \sin|\alpha_z| \right) \\ -\frac{\dot{P}_{KG,y}}{|\dot{\vec{P}}_{KG,y}|} \cdot \cos(\alpha_y) \\ -\frac{\dot{P}_{KG,z}}{|\dot{\vec{P}}_{KG,z}|} \cdot \cos(\alpha_z) \end{pmatrix} \approx \begin{pmatrix} 0 \\ -\frac{\dot{P}_{KG,y}}{|\dot{\vec{P}}_{KG,y}|} \cdot \cos(\alpha_y) \\ -\frac{\dot{P}_{KG,z}}{|\dot{\vec{P}}_{KG,z}|} \cdot \cos(\alpha_z) \end{pmatrix}. \tag{3.66}$$

Für den normierten Richtungsvektor gilt wiederum

$$\vec{f}_{KG,f,norm} = \frac{\vec{f}_{KG,f}}{||\vec{f}_{KG,f}||}. \tag{3.67}$$

Die Kraft von der Kolbenkalotte auf den Gleitstein ergibt sich mit der Kraft vom Gleitstein auf die Taumelscheibe sowie dem zugehörigen Reibkraft-Richtungsvektor des Kontaktes gemäß

$$\vec{F}_{KG,f} = ||F_{GT}|| \cdot \vec{f}_{KG,f,norm} \cdot \mu_{KG}. \tag{3.68}$$

Die Reibungszahl μ_{KG} des Reibkontaktes zwischen Kolben und Gleitstein wird berücksichtigt. Die Reibkraft vom Gleitstein auf den Kolben steht entgegengesetzt zu derjenigen Kraft vom Kolben auf den Gleitstein

$$\vec{F}_{GK,f} = -\vec{F}_{KG,f}. \tag{3.69}$$

Die Summe der Reibleistungen ergibt sich für den Reibkontakt zwischen den Kolben und den Gleitsteinen zu

$$P_{f,KG} = \sum_{i=1}^{n_{Zyl}} ||F_{GT,i}|| \cdot ||\dot{\vec{P}}_{KG,i}|| \cdot \mu_{KG}. \tag{3.70}$$

3.2.3 Kräftegleichgewicht am Kolben

Das Kräftegleichgewicht am Kolben in x-Richtung bestimmt sich durch (vgl. Abbildung 3.7)

$$-F_K + F_{\Delta p} - F_{\ddot{x}} + F_{KB,f,x} + F_{EF,f,x} + F_{KR} + F_{TGW',f,x} + F_{GK,f,x} = 0. \tag{3.71}$$

Die Massenträgheitskraft des Kolbens (inklusive der Gleitsteine) ergibt sich zu

$$F_{\ddot{x}} = m_K \cdot \ddot{\vec{P}}_{TG,x}. \tag{3.72}$$

Für die Druckkraft gilt

$$F_{\Delta p} = \frac{\pi \cdot d_{LB}}{4} \cdot \Delta p. \tag{3.73}$$

Die Beschreibung der Kolbenringdynamik erfolgt nach Koszalka und Guzik [86] (vgl. Abschnitt B.2 im Anhang). Für das Kräftegleichgewicht am Kolben in y-Richtung gilt

$$-F_{KB,y} + F_{EF,y} - F_{TGW',y} + F_{GK,f,y} = 0. \tag{3.74}$$

Für die Bestimmung des Momentengleichgewichts um die z-Achse wird die Änderung des Hebelarmes in x-Richtung durch Verkippungseffekte vernachlässigt. Es gilt

$$-F_K \cdot \frac{d_K}{2} - F_{EF,y} \cdot l_{EF-KB} + \left(F_{TGW',y} + F_{GK,f,y}\right) \cdot l_{TG-KB} \tag{3.75}$$

$$+ \left(F_{TGW',x} + F_{GK,f,x}\right) \cdot \frac{d_K}{2} = 0.$$

Für den Kraftangriffspunkt zwischen der Taumelscheibe und dem Gleitstein gilt für geringe Neigungswinkel der Taumelscheibe bei $F_K > 0$

$$l_{TG-KB} = l_{KG-KB} + r_G - \frac{w_S}{2}. \tag{3.76}$$

Mit $F_K < 0$ gilt

$$l_{TG-KB} = l_{KG-KB} + r_G + \frac{w_S}{2}. \tag{3.77}$$

Für das Kräftegleichgewicht am Kolben in z-Richtung gilt

$$F_{KB,z} - F_{EF,z} + F_{TGW',z} + F_{GK,f,z} = 0. \tag{3.78}$$

Für das Momentengleichgewicht am Kolben um die y-Achse gilt wiederum unter Vernachlässigung von Verkippungseffekten

$$-F_K \cdot \frac{d_K}{2} - F_{EF,z} \cdot l_{EF-KB} + \left(F_{TGW',z} + F_{GK,f,z}\right) \cdot l_{TG-KB} \tag{3.79}$$

$$+ \left(F_{TGW',x} + F_{GK,f,x}\right) \cdot \frac{d_K}{2} = 0.$$

Für die Reibkraft am Reibkontakt zwischen dem Kolbenhemd und der Zylinderlaufbuchse gilt

$$F_{EF,f,x} = -\frac{\dot{\vec{P}}_{TG,x}}{|\dot{\vec{P}}_{TG,x}|} \cdot ||F_{EF}|| \cdot \mu_{f,K}. \tag{3.80}$$

In gleicher Weise gilt für die Reibkraft zwischen dem Kolbenboden und der Zylinderlaufbuchse

$$F_{KB,f,x} = -\frac{\dot{\vec{P}}_{TG,x}}{|\dot{\vec{P}}_{TG,x}|} \cdot ||F_{KB}|| \cdot \mu_{f,K} \tag{3.81}$$

jeweils mit der Reibungszahl $\mu_{f,K}$ des Reibkontaktes zwischen Kolben und Zylinderlaufbuchse.

3.2.4 Kräftegleichgewicht an der Antriebswelle

Abbildung 3.8 zeigt das Kräftegleichgewicht an der Antriebswelle des Verdichters für die Kolben-OT-Lage von Zylinder 1. Bei der Beschreibung des Kräftegleichgewichtes an der Welle wird die Kolben- und die Gleitsteinverkippung aufgrund eines verhältnismäßig geringen Anteils der Hebelarme in sehr guter Näherung vernachlässigt.

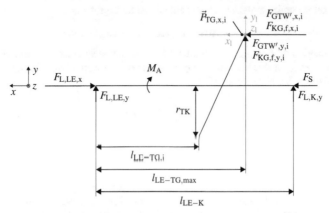

Abbildung 3.8: Kräftegleichgewicht an der Antriebswelle in der x-y-Ebene (Zylinder 1, $\varphi_A = 0°$)

Das Kräftegleichgewicht in x-Richtung ergibt sich gemäß

$$F_S - F_{L,LE,x} + \sum_{i=1}^{n_{Zyl}} \left(F_{GTW',x,i} + F_{KG,f,x,i} \right) = 0. \tag{3.82}$$

Für das Kräftegleichgewicht an der Welle in y-Richtung gilt

$$F_{L,LE,y} + F_{L,K,y} + \sum_{i=1}^{n_{Zyl}} \left(F_{GTW',y,i} + F_{KG,f,y,i} \right) = 0. \tag{3.83}$$

Das Kräftegleichgewicht an der Welle in z-Richtung bestimmt sich mithilfe von

$$-F_{L,LE,z} - F_{L,K,z} + \sum_{i=1}^{n_{Zyl}} \left(F_{GTW',z,i} + F_{KG,f,z,i} \right) = 0. \tag{3.84}$$

Weiterhin werden die Momentengleichgewichte um die y- und z-Achse betrachtet. Für die z-Achse gilt

$$\sum_{i=1}^{n_{Zyl}} \left((F_{GTW',x,i} + F_{KG,f,x,i}) \cdot \vec{P}_{TG,y,i} + (F_{GTW',y,i} + F_{KG,f,y,i}) \cdot l_{LE-TG,i} \right) \tag{3.85}$$
$$+ F_{L,K,y} \cdot l_{LE-K} = 0.$$

Für die y-Achse gilt

$$\sum_{i=1}^{n_{Zyl}} \left((F_{GTW',x,i} + F_{KG,f,x,i}) \cdot \vec{P}_{TG,z,i} + (F_{GTW',z,i} + F_{KG,f,z,i}) \cdot l_{LE-TG,i} \right) \qquad (3.86)$$
$$+ F_{L,K,z} \cdot l_{LE-K} = 0.$$

Der Abstand zwischen dem Lager auf der Leistungselektronik-Seite und dem Kraftangriffs-punkt zwischen der Taumelscheibe und dem Gleitstein ergibt sich zu

$$l_{LE-TG,i} = l_{LE-TG,max} - \vec{P}_{TG,x,i}. \qquad (3.87)$$

Die Längenänderung für $l_{LE-TG,i}$ bei einem Vorzeichenwechsel der Kolbenkraft wird auf-grund eines geringen Anteils von weniger als einem Prozent vernachlässigt. Für die in-dizierte Leistung des Verdichters gilt

$$P_{A,ind} = \sum_{i=1}^{n_{Zyl}} F_K \cdot \vec{P}_{TG,x,i}. \qquad (3.88)$$

3.2.5 Lagerreibung

Zur Berechnung der Lagerreibleistung $P_{A,f,L}$ ist eine Bestimmung der Reibungsgrößen nach Schaeffler [78] möglich. Auch Baumgart [7] wählt für die Beschreibung der Lagerver-luste in einem mechanisch angetriebenen Axialkolbenverdichter Teile dieses Ansatzes. Für die in diesem Zusammenhang betrachteten Radial- und Axiallager werden Rollreibung, Gleitreibung der Wälzkörper und Gleitreibung des Käfigs sowie Flüssigkeitsreibung berück-sichtigt. Für einen semi-empirischen Berechnungsansatz ergibt sich das Gesamtreibmoment pro Lager zu [78]

$$M_{f,L} = M_{f,L,0} + M_{f,L,1}. \qquad (3.89)$$

Dabei beschreiben $M_{f,0}$ das drehzahlabhängige Reibmoment und $M_{f,1}$ das lastabhängige Reibmoment. Die Bestimmung des drehzahlabhängigen Reibmoments ergibt sich in Ab-hängigkeit von der spezifischen Lagergeometrie, den entsprechenden Lagerbeiwerten und der Ölviskosität. Die Lagerbeiwerte werden für Ölnebel-Schmierung ermittelt. Der Ein-fluss der Löslichkeit von CO_2 im Kältemaschinenöl auf die Herabsetzung der Schmier-stoffviskosität wird in der vorliegenden Arbeit erstmalig einem Verdichter-Gesamtmodell nach einem Ansatz von Seeton [124] nach Abschnitt B.3 im Anhang berücksichtigt. Die Viskosität des Kältemittel-Öl-Gemisches wird für das Axial- und Radiallager auf der Leis-tungselektronikseite (LE) anhand der Zustandsgrößen des Kältemittels Druck und Tem-peratur für das Teilmodell der Leistungselektronik (vgl. Abbildung 3.2) berechnet. Die Viskosität des Kältemittel-Öl-Gemisches für das Radiallager auf der Kolbenseite (K) wird anhand der Zustandsgrößen des Teilmodells des Triebraumes berechnet (vgl. Abbildung 3.2). Für die Bestimmung des lastabhängigen Drehmomentes sind weiterhin die Lagerkräfte nach Unterabschnitt 3.2.4 zu berücksichtigen. Für die Lagerkräfte der Radiallager (Ausführung als Nadelhülse) auf der Leistungselektronik- und Kolbenseite gelten jeweils

$$||F_L|| = \sqrt{F_{L,y}^2 + F_{L,z}^2}. \qquad (3.90)$$

Für das Axiallager (Ausführung als Rollenlager) auf der Leistungselektronikseite gilt

$$F_L = F_{L,LE,x}. \tag{3.91}$$

Für den Leistungsbedarf aufgrund der Lagerreibung resultiert der Beitrag

$$P_{A,f,L} = P_{f,L,LE} + P_{f,L,K}. \tag{3.92}$$

Mit dem lagerspezifischen Reibmoment gilt für die Reibleistung eines Lagers

$$P_{A,f,L,i} = M_{f,L} \cdot \dot{\varphi}_A. \tag{3.93}$$

Die Reibleistungsverluste durch die Lagerung des Kolbens über Gleitsteine auf der Taumelscheibe und in der Laufbuchse inklusive der Kolbenringreibung (vgl. Abschnitt B.2 im Anhang) ergeben sich zu

$$P_{A,f,K} = P_{f,KG} + P_{f,TGW'} + P_{f,KR}. \tag{3.94}$$

Für die mechanische Gesamtantriebsleistung des Verdichters unter Berücksichtigung der Reibungsverluste durch die Wellen und Kolbenlagerung gilt schließlich

$$P_A = P_{A,ind} + P_{A,f,K} + P_{A,f,L}. \tag{3.95}$$

3.2.6 Ventilmodell

Eine physikalisch basierte detaillierte Entwicklung von Ventilmodellen zur Beschreibung der Ansaug- und Ausschiebedynamik des Gases am Zylinder ist eine wesentliche Voraussetzung für eine präzise Gesamtsystem-Modellierung eines Kältemittelverdichters. Die nachfolgend dargestellten Ansätze beziehen sich auf eine Ventilkonfiguration nach Abbildung 3.4. Für den einfachen eindimensionalen Fall wird die Ventildynamik von verschiedenen Autoren wie beispielsweise Christian [21], Touber [138], Fagerli [39], Böswirth [12], Försterling [43], Habing [52] und Baumgart [7] als Ersatzsystem eines Feder-Masse-Schwingers beschrieben. Angreifende Kräfte wirken dabei stets in der Mittelachse der Ventilbohrung. Es werden ausschließlich Biegemoden erster Ordnung berücksichtigt. Weiterhin werden Torsions- und Resonanzphänomene im Modellansatz vernachlässigt. Die Ventildynamik kann für einen Massenpunkt in Richtung der Bohrungsachse beschrieben werden mit

$$F_{\Delta p}(x) = F_S(x) + F_b(x,\dot{x}) + F_{\ddot{x}}(x,\ddot{x}) + F_{Kb}(x,\dot{x}). \tag{3.96}$$

Es werden der Einfluss der Druckdifferenz, der Biegesteifigkeit der Lamelle, der Dämpfung, der Massenträgheit und der Klebkraft auf die Ventildynamik berücksichtigt. Für eine auf das Ventil wirkende endliche Druckdifferenz gilt für die Druckkraft des Saugventils

$$F_{\Delta p,SV} = c_{pv} \cdot A_V \cdot (p_{SK} - p_{Zyl}). \tag{3.97}$$

Für die Druckkraft des Druckventils gilt

$$F_{\Delta p,DV} = c_{pv} \cdot A_V \cdot (p_{Zyl} - p_{DK}). \tag{3.98}$$

Böswirth [12] entwickelt einen verallgemeinerten Ansatz zur analytischen Beschreibung der am Ventil wirkenden effektiven Druckkraft und berücksichtigt in den Gleichungen 3.97 und 3.98 jeweils einen Kraftbeiwert. Der Kraftbeiwert c_p beträgt bei reibungsfreier Umlenkung an einer unendlichen dünnen Platte

$$c_p = 1 + \alpha_S \cdot X \cdot \left(\alpha_S \cdot X - 2 \cdot \sin(\beta)\right). \tag{3.99}$$

Der Winkel β beschreibt die Abweichung der Strömungsablenkung vom rechten Winkel an einer Platte. Unter Berücksichtigung des Einlaufdruckverlustes gilt für den erweiterten Kraftbeiwert [7]

$$c_{pv} = c_p \cdot \left(\frac{1}{1 + \zeta \cdot (\alpha_S \cdot X)^2}\right). \tag{3.100}$$

Die effektive Wirkfläche des Differenzdruckes an der Lamelle wird nach Gleichung 3.18 bestimmt. Für die Berechnung der Wirkfläche am Saugventil wird der Durchmesser der Saugbohrung berücksichtigt. Für die Bestimmung der Wirkfläche am Druckventil wird der Bohrungsdurchmesser mit Sitzkantenabschrägung am Ventilsitz berücksichtigt (vgl. Abbildung 3.4). Christian [21] und Frenkel [44] bemerken übereinstimmend, dass das Ventilöffnen von selbsttätigen Lamellenventilen nicht zwangsweise bei Gleichheit des wirkenden Zylinder- und Kammerdruckes auftritt. Maßgeblich ist das mechanische Gleichgewicht der auf das Ventil wirkenden Kräfte unter Berücksichtigung der Druck- und Flächenverhältnisse. Der im Bereich der Dichtfläche des Ventils wirkende Stützdruck kann zu einer Überkompression bzw. Unterexpansion im Zylinder und damit zu einem steigenden Beitrag der Ansaug- und Ausschiebearbeit führen. Ein scheinbarer Dichtleistenbreiten-Klebeffekt unter trockenen Bedingungen konnte anhand von ergänzenden Ventiluntersuchungen an einem Komponentenprüfstand nach Lemke et al. [92] für die vorliegende Ventilkonfiguration nicht identifiziert werden. Der Dichtleistenbreiten-Klebeffekt wird daher für die Ventilmodellierung nicht betrachtet.

Für die Federkraft des Ventils gilt der lineare Zusammenhang

$$F_S = c_V \cdot x. \tag{3.101}$$

Bei hohen Massendurchsätzen und hohen Druckdifferenzen an den Verdichterventilen können sich infolge von Trägheitseffekten und hohen Druckkräften ausgeprägte Reaktionskräfte am Saug- und Druckventil ergeben. Es sind daher auch die Ventilparameter bei Überschreitung des Nominalhubs des Ventils (x_{max}) für den Massenträgheits- und den Federkraftanteil zu berücksichtigen. Für typische Niederhaltergeometrien und Ventilbelastungen zeigen Lemke et al. [92] für eine Druckdifferenz von 7.6 bar am Druckventil eines CO_2-Verdichters bereits eine relative Verformung des Niederhalters von bis zu vier Prozent. Der Niederhalter des Saugventils kann hingegen als ideal steif angenommen werden. Für die Beschreibung der Ersatzparameter des Saugventils ist es daher ausreichend, die Verformung der Sauglamelle zu betrachten. Die Ventilparameter der Ersatzmasse und der Ersatzfederkonstanten können mithilfe des Modellierungsansatzes eines einseitig eingespannten Kragbalkens unter Berücksichtigung von Niederhalterinteraktion nach Baumgart [7] berechnet werden. Bei einer Überschreitung der maximalen Ventilauslenkung ist es für beide Ventile notwendig, die ermittelten Ventilparameter zu extrapolieren. Für die Ersatzfederkonstante des Druckventils wird ein neuartiger Ansatz nach Lemke et al. [92] mit dem Prinzip der Superposition der biegeelastischen Verformung der Lamelle und des Niederhalters berücksichtigt. Es gilt

$$c_V = c_{La} + c_{NH}. \tag{3.102}$$

Die ermittelten Größen der Ersatzparameter für das entwickelte Saug- und Druckventilmodell sind in Abschnitt B.4 im Anhang aufgeführt. Der anhand des Modellierungsansatzes bestimmte Ventil-Federkraftverlauf konnte für das Saug- und Druckventil anhand von quasistatischen Ventilkraftmessungen validiert werden. Für die Trägheitskraft des Ventils gilt

$$F_{\ddot{x}} = m_V \cdot \ddot{x}. \tag{3.103}$$

Für die Ersatzmasse gilt bei Überschreitung der Nominalauslenkung des Druckventils in gleicher Weise wie für die Ersatzfedersteifigkeit das Prinzip der Superposition der Massenanteile der Lamelle und des Niederhalters (vgl. Gleichung 3.102)

$$m_V = m_{La} + m_{NH}. \tag{3.104}$$

Die Dämpfungskraft ergibt sich zu

$$F_b = b \cdot \dot{x}. \tag{3.105}$$

Der dämpfende Anteil der Quetschströmung zwischen der Ventillamelle und dem Niederhalter sowie zwischen der Ventillamelle und dem Ventilsitz kann anhand eines Zusammenhanges nach Böswirth [12] beschrieben werden durch den Ansatz

$$b_Q = k \cdot \left(\frac{b_V}{x}\right)^3 \cdot \eta \cdot l_V. \tag{3.106}$$

Dabei werden der Erfahrungswert k, die Ventilbreite b_V, die Ventillänge l_V sowie die dynamische Viskosität η des Kältemittels (ohne Ölanteile) berücksichtigt. Eine überlagerte Dämpfung durch viskose Reibung, Öldämpfung und Gasverdrängung wird dabei nicht innerhalb der Dämpfungskonstanten berücksichtigt. Lohn [96] ermittelt für einen R-600a-Verdichter, dass der Einfluss der Materialdämpfung an der Gesamtdämpfung eines Saugventils einen Einfluss von maximal 25 % besitzen kann. Für das Druckventil werden Werte bis zu etwa vier Prozent ermittelt. Für den vorliegenden Verdichter haben Ventilversuche auch ohne Berücksichtigung der Materialdämpfung gute Simulationsergebnisse gezeigt und werden daher vernachlässigt [92]. Für die Dämpfungskonstante des Saugventils gilt bei Anwesenheit eines Ölfilms mit einer Schichtdicke von zehn Mikrometern zwischen der Lamelle und dem Ventilsitz bzw. dem Niederhalter

$$b = \begin{cases} 0 & \text{für } 0 < x \le 10\,\mu m \\ b_Q(50\,\mu m) & \text{für } 10\,\mu m < x \le 50\,\mu m \\ b_Q(x) & \text{für } 50\,\mu m < x \le \frac{x_{max}}{2} \\ b_Q(x_{max} - x) & \text{für } \frac{x_{max}}{2} < x \le (x_{max} - 50\,\mu m) \\ b_Q(50\,\mu m) \cdot \frac{l_{V,T}}{l_V} & \text{für } (x_{max} - 50\,\mu m) > x > (x_{max} - 10\,\mu m) \\ 0 & \text{für } x > (x_{max} - 10\,\mu m) \end{cases}. \tag{3.107}$$

Es wird die Auflagelänge der Sauglamelle am Niederhalter in der Laufbuchse $l_{V,T}$ (vgl. Abbildung 3.4) berücksichtigt. Die Begrenzung der Dämpfungskonstante erfolgt jeweils am Ventilsitz bzw. am Niederhalter. Für das Druckventil gilt ein vergleichbarer Zusammenhang

$$b = \begin{cases} 0 & \text{für } 0 < x \le 10\,\mu\text{m} \\ b_Q(50\,\mu\text{m}) & \text{für } 10\,\mu\text{m} < x \le 50\,\mu\text{m} \\ b_Q(x) & \text{für } 50\,\mu\text{m} < x \le \frac{x_{max}}{2} \\ b_Q(x_{max} - x) \cdot 1{,}5 & \text{für } \frac{x_{max}}{2} < x \le (x_{max} - 50\,\mu\text{m}) \\ b_Q(50\,\mu\text{m}) \cdot 1{,}5 & \text{für } (x_{max} - 50\,\mu\text{m}) > x > (x_{max} - 10\,\mu\text{m}) \\ 0 & \text{für } x > (x_{max} - 10\,\mu\text{m}) \end{cases} \qquad (3.108)$$

Böswirth [12] ermittelt für den Erfahrungswert k etwa 15. Im Rahmen dieser Arbeit wurde anhand von Ventiluntersuchungen an einem Komponentenprüfstand nach Lemke et al. [92] des Saug- und Druckventils ein verringerter Wert von 1,5 ermittelt. Aufgrund der spezifischen Struktur der gebogenen Biegekontur des Niederhalters am Druckventil wird für die Dämpfungskonstante desselben Auslenkungszustandes ein um 50 % gesteigerter Wert der Dämpfung angenommen. Die Dämpfungskonstante wird für das Druck- und Saugventil jeweils bei 50 μm begrenzt.

Bei der Beschreibung der Ventildynamik von Kältemittelverdichtern wird häufig der Einfluss des Kältemaschinenöls vernachlässigt (vgl. [138], [39], [43], [15], [7]). Bei Anwesenheit eines Ölfilms oder von Öltröpfchen zwischen der Ventillamelle und der Ventilplatte bzw. der Ventillamelle und dem Niederhalter berichten Böswirth [12] und Joo et al. [72] von einem signifikanten Einfluss von Ölklebeeffekten. Böswirth [12] weist in diesem Zusammenhang auf Basis von experimentellen Untersuchungen für das Saug- und Druckventil eines Wasserstoffverdichters die Zunahme von Ölklebeeffekten an der Ventilplatte und dem Ventil-Niederhalter bei gesteigerter Öleinspritzung nach. Joo et al. [72] belegen auch experimentell den signifikanten Einfluss der Ölklebekraft am Druckventil auf die Überkompressionsverluste bei einem R-134a-Verdichter.

Ein verspätetes Ventilöffnen kann durch die adhäsive Wirkung von Öl an den Ventilauflageflächen (Ventilsitz und Niederhalter) hervorgerufen werden [11]. Pizarro et al. [110] führen weiterhin viskose-, Kapillar- und Oberflächenspannungskräfte als mögliche physikalische Ursachen von Ölklebekräften auf. Böswirth [11] entwickelt analytische Ansätze zur strömungsmechanischen Beschreibung des Quetsch- und Klebeeffektes für beliebige Geometrien am Ölfilm mit Parallelspalt und allseitigem Herausquetschen des Öls für ein inkompressibles Newton'sches Fluidverhalten.

Abbildung 3.9 zeigt die zugrunde liegende Modellvorstellung der Beschreibung der Klebkraft nach Gleichung 3.109. Für das Abheben der Platte in positiver x-Richtung resultiert eine Klebkraft. Bei entgegengesetzter Bewegung resultiert eine Quetschkraft in entgegengesetzter Richtung der Klebkraft. Die Kleb- bzw. Quetschkraftkraft wird innerhalb der vorliegenden Arbeit im Bereich zwischen der Lamelle und des Ventilsitzes sowie der Lamelle

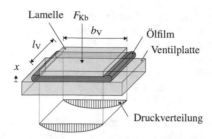

Abbildung 3.9: Plattennormales Abheben (in positiver x-Richtung) zweier paralleler Platten mit flüssigkeitsgefülltem Spalt nach Böswirth [11] mit resultierender Klebkraft

und des Niederhalters modelliert. Für ein orthogonales Abheben einer rechteckigen Platte von einem Ölfilm gilt ein modifizierter Ansatz für die Klebkraft

$$F_{Kb} = \frac{C_{Kb} \cdot \eta_{Oel} \cdot \dot{x}}{x^3}.$$ (3.109)

Der Klebkraftbeiwert C_{Kb} berücksichtigt die Abhängigkeit der Klebkraft von der effektiven Kontaktfläche im flüssigkeitsgefüllten Spalt

$$C_{Kb} = f(b_V, l_V).$$ (3.110)

Für das Abheben der Lamelle vom Ventilsitz wird vereinfachend von einer senkrechten Bewegung ausgegangen. Für das Abheben und das Anlegen der Lamelle am Niederhalter ergibt sich die effektive Anlagefläche des Druckventils in Abhängigkeit von der Biegelinie der Lamelle unter Berücksichtigung der Niederhalterkontur und der Ölfilmdicke. Die Entwicklung des Klebkraftbeiwertes ist in Abschnitt B.4 im Anhang aufgeführt.

3.3 Elektrischer Antrieb

Ein typisches Vorgehen bei der Simulation offener, mechanisch angetriebener Verdichter ist die Vorgabe einer konstanten Antriebswellendrehzahl [43, 15, 98]. Durch die mechanische Anbindung des Verdichters – beispielsweise an die Kurbelwelle eines Verbrennungsmotors mit vergleichsweise hohem Trägheitsmoment und geringer Drehungleichförmigkeit – ist zumeist mit geringen Rückwirkungsphänomenen zwischen dem An- und Abtrieb des Verdichters zu rechnen. Aufgrund eines geringeren Drehmomentes sowie einer verringerten Effizienz des integrierten elektrischen Antriebsstranges gegenüber dem konventionellen riemengebundenen Antrieb können sich für elektrisch angetriebene Verdichter ausgeprägte mechanische und thermische Phänomene am An- und Abtrieb des Verdichters ergeben.

Zur Bewertung von mechanischen und thermischen Rückwirkungsphänomenen zwischen dem elektrischen Antrieb und dem mechanischen Abtrieb eines Verdichters ist grundsätzlich

eine Erweiterung des thermodynamisch-/strömungsmechanisch-/mechanischen Verdichtermodells (vgl. Abschnitt 3.1 bzw. 3.2) um ein Modell des elektrischen Antriebes (Leistungs-
elektronik- und E-Motor-Modell) denkbar. Als Randbedingung im Simulationsmodell ist
für die Antriebswelle dabei eine Drehmoment- oder Drehzahlvorgabe möglich. Die Kom-
bination der Teilmodelle des elektrischen Antriebes und des mechanischen Abtriebes kann
durch eine Implementierung beider Modelle in einem interdisziplinären Gesamtmodell oder
durch eine Ko-Simulation der Teilmodelle erreicht werden [119].

Aufgrund stark abweichender Zeitkonstanten des elektrischen (≈ 1 ns) und des mechanischen Teilsystems (≈ 1 µs) können sich steife Differentialgleichungssysteme (vgl. [15]) und
damit geringe Simulationsgeschwindigkeiten ergeben. Ein geeigneter Ansatz für eine numerisch effiziente Simulation mechanischer und thermischer Rückwirkungsphänomene ist
die Vorgabe einer konstanten Antriebsdrehzahl mit einer kennfeldbasierten Beschreibung
der thermischen Verlustleistung der elektrischen Komponenten. Die maximale Drehzahl-
schwankung für den im Rahmen der Arbeit untersuchten Taumelscheibenverdichter mit
fünf Zylindern ist bei einer geeigneten Drehzahlregelung des Antriebsstranges für die Minimaldrehzahl des Verdichters zu maximal ± 2.1 Hz identifiziert worden (vgl. Abschnitt 4.2).
Die mechanischen Rückwirkungsphänomene zwischen dem elektrischen Antrieb und dem
mechanischen Abtrieb können damit in guter Näherung vernachlässigt werden.

Der Leistungselektronik- und der E-Motor-Wirkungsgrad werden in Abhängigkeit vom an-
liegenden Drehmoment jeweils gemäß des Zusammenhanges

$$\eta(M_A) = a_1 \cdot M_A^2 + a_2 \cdot M_A + a_3 \tag{3.111}$$

beschrieben. Im Rahmen der vorliegenden Arbeit wird das Wirkungsgradkennfeld der Antriebsstrang-Komponenten in Erweiterung zu den Arbeiten von Fagerli [39] und Pérez-
Segarra et al. [109] erstmalig jeweils vollständig durch eine numerisch effiziente lineare
Interpolation zwischen drehmoment- und drehzahlabhängigen quadratischen Polynoman-
sätzen durchgeführt. Die thermische Verlustleistung der elektrischen Komponenten kann
analog der reibungsbedingten Dissipationsverluste als Wärmestrom in der Energiebilanz
der Verdichterkomponenten-Kontrollvolumina berücksichtigt werden (vgl. Abbildung 3.2).
Für den konvektiven Wärmeübergang zwischen den Antriebsstrang-Komponenten und das
dieselben umströmende Kältemittel wird ein ideales Wärmeübertragungsverhalten ohne
Wärmeübergangswiderstand angenommen. Die thermische Verlustleistung durch die Leistungselektronik wird gemäß

$$\dot{Q}_{V,DC,r} = P_{DC,r} \cdot (1 - \eta_{LE}) \tag{3.112}$$

beschrieben. Die thermische Verlustleistung durch den E-Motor ergibt sich anhand von

$$\dot{Q}_{V,AC} = P_{AC} \cdot (1 - \eta_{EM}). \tag{3.113}$$

Der elektrische Leistungsbedarf des E-Motors bestimmt sich durch

$$P_{AC} = \frac{P_A}{\eta_{EM}}. \tag{3.114}$$

Für den Leistungsbedarf der Leistungselektronik ergibt sich schließlich

$$P_{DC,r} = \frac{P_{AC}}{\eta_{LE}}. \tag{3.115}$$

4 Experimentelle Methodik der Verdichter-Untersuchung

Zur experimentellen Untersuchung des betrachteten halbhermetischen Taumelscheibenverdichters (vgl. Kapitel 5) wird ein geeigneter Verdichterprüfstand verwendet. Weiterführend dient der Verdichterprüfstand zur Parametrisierung und (Teil-)Validierung des Verdichtermodells (vgl. Kapitel 3). Die DIN EN 13771-1 [38] als Ersatz für die DIN 8977:1973-01 [27] beschreibt die Art der Leistungsprüfverfahren und die zu verwendenden Messinstrumente für einstufige Kältemittelverdichter. Der Verdichterprüfstand entspricht in Bezug auf die verwendeten Messinstrumente und deren Genauigkeitsanforderungen den relevanten Normvorgaben. Die am Prüfstand eingesetzten Messinstrumente und deren Messgenauigkeiten nach Herstellerangaben sind in Abschnitt A.7 im Anhang aufgeführt. In diesem Kapitel erfolgt in Abschnitt 4.1 eine Beschreibung der Konfiguration des Verdichterprüfstands. Die Untersuchung des Verdichters anhand von Indiziermessungen erfolgt erstmalig für einen halbhermetischen Verdichter mit motorintegrierten Hall-Schaltern nach Abschnitt 4.2. Abschnitt 4.3 dieses Kapitels erläutert eine innovative Untersuchungsmethode zur Wirkungsgradbewertung des elektrischen Antriebsstranges am Verdichterprüfstand unter dynamischer Drehmomentlast des Verdichters. Die im Rahmen der Arbeit weiterhin verwendeten experimentellen Untersuchungsmethoden sind in Abschnitt C.1 für die Leckagemassenstrom-Bewertung (Blowby-Messung) an den Kolbenringen und in Abschnitt C.2 für die Leckagemassenstrom-Bewertung an den Ventilen jeweils im Anhang dargestellt.

4.1 Anlagenkonfiguration

Abbildung 4.1 zeigt die Verschaltung des Kälte- und des Rückkühlkreislaufes des Verdichterprüfstandes. Zur Reduzierung der Anlagenkomplexität ermöglicht der verwendete Verdichterprüfstand entgegen der DIN EN 13771-1 [27] die Belastung des Prüflings anstelle eines vollständigen Kaltdampfprozesses mithilfe eines Gasprozesses ohne vollständige Rückkühlung und Verdampfung des Kältemittels. Es wird für alle untersuchten Betriebspunkte des Verdichters eine zweistufige Expansion berücksichtigt. Die Rückkühlung des Kältemittels erfolgt auf Mitteldruckniveau. Der beschriebene Kreisprozess des Verdichterprüfstandsbetriebes ist schematisch in Abbildung 4.2 dargestellt. Eine Bestimmung der Ölumlaufrate (OCR) [144]

$$OCR = \frac{\dot{m}_{Oel}}{\dot{m}_{Oel} + \dot{m}_{KM}} = \frac{\dot{V}_{Oel} \cdot \rho_{Oel}}{\dot{V}_{Oel} \cdot \rho_{Oel} + \dot{m}_{KM}} \tag{4.1}$$

nach DIN EN 13771-1 [27] in der flüssigen Phase des Kältemittels ist prinzipbedingt aufgrund der Betriebsart des Prüfstandes nicht möglich. Zur Sicherstellung einer definierten Ölumlaufrate im Kältekreislauf ist ein prüfstandsseitiger externer Ölabscheider berücksichtigt. Mithilfe eines Nadelventils in der Ölrückführung des Ölabscheiders kann der an den Verdichter rückgeführte Ölmassenstrom betriebspunktabhängig geregelt werden. Die OCR

© Springer Fachmedien Wiesbaden GmbH, ein Teil von Springer Nature 2018
M. König, *Verlustmechanismen in einem halbhermetischen
PKW-CO2-Axialkolbenverdichter*, AutoUni – Schriftenreihe 127,
https://doi.org/10.1007/978-3-658-23002-9_4

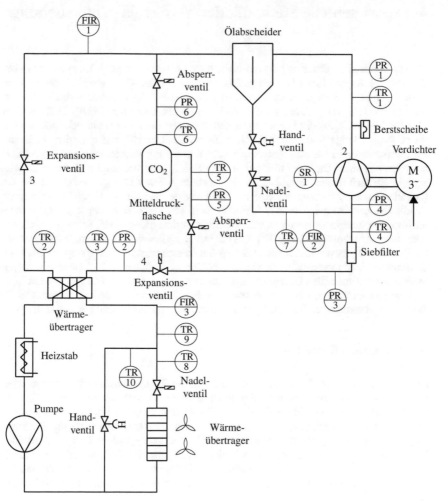

Abbildung 4.1: Anlagenverschaltung des Verdichterprüfstandes mit Kreislaufzuständen nach Abbildung 4.2 im R-I-Fließschema nach DIN EN 1861 [37]

bezieht sich dabei ausschließlich auf das Verhältnis des rückgeführten Ölmassenstromes zur Summe des rückgeführten Ölmassenstromes (Berechnungsgröße aus der Stoffdichte des Kältemaschinenöls und dem Ölvolumenstrom) aus dem externen Ölabscheider und dem ölfreien Kältemittel-Massenstrom. Der Abscheidegrad des externen Ölabscheiders wird als ideal angenommen.

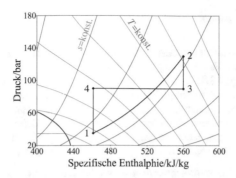

Abbildung 4.2: Schema eines einstufigen Verdichtungs- und zweistufigen Expansionsprozesses des Verdichterpüfstandes im p-h-Diagramm

Der elektrische Antrieb des hermetischen Verdichters erfolgt mithilfe einer prüfstandsseitig montierten Verdichter-Leistungselektronik. Die elektrischen Größen (Phasen-)Spannung und (Phasen-)Strom an der Leistungselektronik werden über Spannungs- und Stromtastköpfe erfasst (vgl. Abbildung 4.9). Die Datenverarbeitung der elektrischen Größen passiert mithilfe eines Leistungsmessgerätes. Die Datenverarbeitung der weiteren Messgrößen am Prüfstand und Verdichter erfolgt über eine Datenerfassungsplattform für analoge und digitale Signalausgabe. Neben der Messung der Leistungsaufnahme des Verdichters werden als wesentliche Messgrößen der Kältemittelmassenstrom (Coriolis-Sensor) hinter dem Ölabscheider, der rückgeführte Ölvolumenstrom (Volumenstromsensor nach dem Verdrängerprinzip), die Kältemittel-Temperaturen (Thermoelement) und die Kältemittel-Drücke (piezoresistiv) erfasst. Es können automatisiert Saugzustände von 10 bis 65 bar mit einer Überhitzung von 0 bis 50 K und Hochdruckzustände von 50 bis 130 bar bei einer maximalen Verdichtungsendtemperatur von 180 °C im Beharrungszustand gefahren werden. Die Regelung der Druck-, Überhitzungs- und Füllmengenzustände erfolgt elektronisch. Die maximale Rückkühlleistung des Wärmeübertragers zwischen Kältekreislauf und Rückkühlkreislauf beträgt acht kW bei einem maximalen Kältemittelmassenstrom von $100\,\mathrm{g\,s^{-1}}$. Die Rückkühlung des Kältemittels erfolgt durch einen automatisierten Wasser-Kühlkreislauf mit luftseitiger Rückkühlung. Die Ölrückführrate kann über ein elektronisches Ventil in der Ölrückführung über den gesamten Betriebsbereich von 4 bis 50 % geregelt werden. Eine automatische, betriebspunktangepasste Kältemittel-Füllmengenregelung im Kreislauf erfolgt über einen Kältemittelvorrat auf Mitteldruckniveau in Form einer Mitteldruckflasche. Eine Beschränkung des maximalen Druckniveaus auf der Saugseite des Verdichters sowie in der Hochdruckleitung der Anlage auf 130 bar erfolgt anhand einer mechanischen Bersteinrichtung.

4.2 Indiziermessungen

Für ausgewählte Messreihen können hochfrequente Zylinderdruckmessungen am Verdichter durchgeführt werden. Zur Messung des Zylinderdruckes werden piezoresistive Miniatur-druckaufnehmer (vgl. [87]) in allen Zylindern sowie in der Saug- und in der Druckkam-mer des Verdichters berücksichtigt. Försterling [43] zeigt für einen Tauchkolbenverdichter, dass eine bündige Einbaulage der Drucksensoren zur Ventilplatte notwendig ist, um eine Schadraumvergrößerung und Kapillarschwingungen in den Zylindern zu vermeiden. Die Eigenfrequenz der verwendeten Sensoren liegt bei etwa 1.4 MHz mit einer maximalen Ab-tastfrequenz von 280 kHz zur Vermeidung von Sperr-Resonanzen.

Zur Erstellung von Indikatordiagrammen (p-V-Diagramme) ist eine Korrelation zwischen dem Zylinderdruck und dem Antriebswellenwinkel des Verdichters notwendig. Weiterhin muss die Kolben-OT-Lage mindestens eines indizierten Zylinders in Bezug auf den Antriebs-wellenwinkel bekannt sein. Verbreitete Verfahren zur Bestimmung des Drehwinkels und der Drehzahl der Antriebswelle erfolgen an einer externen Wellendurchführung (vgl. [138, 74, 39, 56, 43]) mithilfe von Drehwinkelgebern. Auch kann der Drehwinkel nach Magzalci [98] mithilfe eines im Verdichtergehäuse bzw. im Zylinderblock befestigten Wirbelstrom-sensors an einem angeschrägten Kolben erfasst werden. In der vorliegenden Arbeit erfolgt die Drehwinkelerfassung erstmalig über integrierte digitale Hall-Effekt-Positionssensoren (Hall-Schalter). Die Positionierung der Hall-Schalter innerhalb des Stators des E-Motors zeigt Abbildung 4.3.

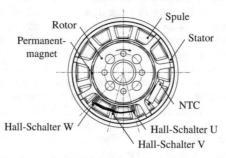

Abbildung 4.3: Positionierung der Hall-Schalter zur Drehwinkel- und Drehzahlerfassung im Stator des E-Motors

Die Hall-Schalter U, V und W sind um einen Winkel von 30° versetzt im Stator ange-ordnet. Die Flankenanstiegszeit der verwendeten Hall-Schalter beträgt 1.5 μs [61] und ist für das gewählte Drehzahlspektrum des Verdichters mit hinreichender Genauigkeit für die Drehwinkel- und Drehzahlerfassung zu verwenden. Der Winkelversatz $\Delta\varphi_A$ zwischen den Hall-Schaltern und dem OT eines Kolbens wird im Voraus der Indiziermessungen mithilfe einer optischen Kolbenhubmessung bestimmt.

Abbildung 4.4 zeigt eine Korrelation des Kolbenhub-Minimums (Kolben-OT-Lage) und der abfallenden Flanke des Hall-Schalters U. Bei bekannter mechanischer Konfiguration

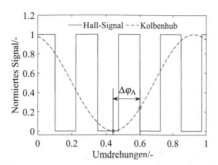

Abbildung 4.4: Kolbenhub-Drehwinkel-Kalibrierung zur abfallenden Flanke des Hall-Schalters U

der Hall-Schalter im Stator und des gemessenen zeitlichen Intervalls der Flankenereignisse der Hall-Schalter ist eine Drehzahlberechnung möglich. Eine direkte inkrementelle Bestimmung des Winkelversatzes zwischen der Kolben-OT Lage und einer optimalen zusätzlichen Nullspur (ein OT-Impuls pro Umdrehung des Verdichters) analog zur typischen Vorgehensweise der Indizierung bei offenen, mechanisch angetriebenen Verdichtern ist mit der vorliegenden Hall-Schalter-Konfiguration nicht möglich.

Bei einer Polpaaranzahl des Rotors p_{Rot} von mehr als eins ergeben sich p_{Rot} mögliche Drehwinkelbezüge zwischen der Kolben-OT-Lage und der Antriebswelle. Damit ergeben sich pro vollständiger mechanischer Umdrehung wiederum jeweils p_{Rot} verschiedene Darstellungsweisen des Indikatordiagrammes. Die Auswahl des jeweils relevanten berechneten Indikatordiagramms für p_{Rot} mögliche Drehwinkelbezugsgrößen pro mechanischer Umdrehung erfolgt anhand einer Bewertung der minimalen Abweichung der gemessenen indizierten Arbeit zur theoretischen indizierten Arbeit der vorliegenden Verdichterkonfiguration. Weiterhin wird die Lage der Druckmaxima und -minima beim Ausschieben und Ansaugen plausibilisiert.

Insbesondere bei Verdrängerverdichtern können sich infolge einer ungleichförmigen Lastanforderung Drehungleichförmigkeiten ergeben. Durch Torsions- und Biegeschwingungen in Resonanzbereichen des Antriebsstranges kann eine erhöhte Drehungleichförmigkeit resultieren. Infolgedessen können sich auch akustische Auffälligkeiten des Verdichters ergeben. Abbildung 4.5 zeigt einen typischen Verlauf der Drehungleichförmigkeit anhand einer Drehzahlbestimmung der Hall-Schalter.

Die Drehungleichförmigkeiten des Verdichterantriebes sind für die inkrementelle Beschreibung des Drehwinkels an der Antriebswelle zu berücksichtigen. Für die inkrementelle Winkeländerung anhand von zwei Flankenereignissen der Hall-Schalter gilt

$$\varphi_{A,2} - \varphi_{A,1} = \dot{\varphi}_A(t_1) \cdot (t_2 - t_1) \tag{4.2}$$

mit dem Zusammenhang zwischen der Winkelgeschwindigkeit und der Drehfrequenz des Verdichters

$$\dot{\varphi}_A = 2\pi \cdot f_A. \tag{4.3}$$

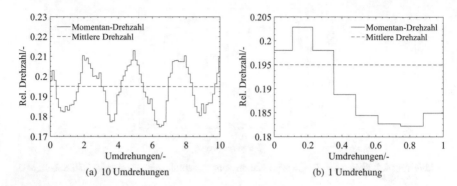

(a) 10 Umdrehungen   (b) 1 Umdrehung

Abbildung 4.5: Drehungleichförmigkeit eines elektrisch angetriebenen Verdichters für eine mittlere Verdichterdrehzahl von $0{,}195 \cdot f_{A,max}$ für ein Drehmoment von etwa $0{,}58 \cdot M_{A,max}$

Zur Bestimmung der Drehungleichförmigkeit werden jeweils das ansteigende und das abfallende Flankensignal verwendet, vgl. Abbildung 4.6. Bei Erreichen von 20 % des nominalen Spannungswertes der Flankenhöhe wird jeweils ein Drehwinkel-Inkrement detektiert. Die

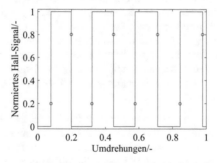

Abbildung 4.6: Referenzpunkte der Flankenerkennung mit Abgleich der Kolben-OT-Lage

Abtastauflösung ergibt sich durch die Verwendung der Hall-Schalter-Informationen für den internen Antrieb zu

$$\Delta \varphi_A = \frac{2\pi}{2p \cdot H} \tag{4.4}$$

unter Berücksichtigung der Polpaarzahl p und der Hallschalteranzahl H. Für die vorliegende Verdichterkonfiguration ergibt sich eine Drehwinkel-Auflösung von 15°. Für die experimentelle Bewertung der indizierten Leistung des Verdichters gilt der Zusammenhang

$$P_{ind} = W_{V,ind} \cdot f_A \cdot z. \tag{4.5}$$

Die dynamische Druckmessung im Zylinder im Rahmen der Indiziermessungen erfolgt durch piezoresistive Drucksensoren auf Basis einer Verschaltung eines sensorintegrierten Dehungsmessstreifens (DMS) zu einer Wheatston'schen Vollbrücke. Die Verschaltung erlaubt eine Kompensation der temperaturüberlagerten Änderung des druckabhängigen Messwiderstandes im Bereich weniger mV [88]. Abbildung 4.7 zeigt die relevante Verschaltung zur Druckmessung mit Vorwiderstand. Die Verschaltung der Widerstände ergibt sich in Analogie von jeweils zwei gedehnten und zwei gestauchten aktiven DMS. Es gilt für das

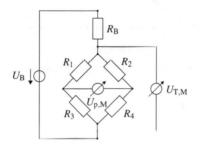

Abbildung 4.7: Verschaltung einer Wheatston'schen Vollbrücke zur Druckmessung mit Vorwiderstand zur Temperaturmessung

Verhältnis der druckabhängigen Sensorspannung zur Brückenspeisespannung

$$\frac{U_{p,M}}{U_B} = \frac{k}{4} \cdot (\varepsilon_1 - \varepsilon_2 - \varepsilon_3 + \varepsilon_4) \tag{4.6}$$

mit dem k-Faktor (Dehnungsfaktor) und den Dehnungen ε_i.

Die Kalibrierung der verwendeten Drucksensoren zeigt trotz der verwendeten Temperaturkompensation der Druckmessung eine bedingte Temperaturabhängigkeit der Ausgangsspannung bei gleichbleibendem Druckniveau. Abbildung 4.8 zeigt beispielhaft die Ausgangsspannung eines hundertfach verstärkten Signals eines piezoresistiven Drucksensors mit einem maximalen Betriebsdruck von 160 bar. Es ist dabei für den verwendeten Sensortyp im relevanten Druckmessbereich eine relative Messabweichung von bis zu zehn Prozent pro 100 K zu beobachten. Die Abweichung der Ausgangsspannung in Abhängigkeit von der Temperatur zeigt die Charakteristik einer Steigungs- und Nullpunktverschiebung. Das Ausgangssignal besitzt auch bei hoher Sensortemperatur einen linearen Verlauf. Die Temperaturabhängigkeit der Druckmessung wird für eine gesteigerte Präzision der Druckmessung über einen linearen Ansatz

$$p_M(U_{p,M}, T_M) = (m_{T,M} \cdot T_M + m_{p,M}) \cdot U_{p,M} + b_{T,M} + b_{p,M} \tag{4.7}$$

mit den Temperatur(T)- und Druck(p)-Parametern m und b beschrieben. Die integrierte Temperaturmessung des Drucksensors mithilfe des Vorwiderstandes R_B zur Berücksichtigung der Temperatur-Korrekturterme nach Gleichung 4.7 erfolgt durch den Zusammenhang

$$U_{T,M} = \frac{R}{R + R_B} \cdot U_B. \tag{4.8}$$

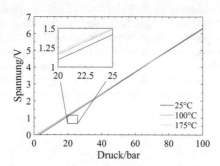

Abbildung 4.8: Druck- und Temperatureinfluss auf die Drucksensorkennline

Für die Temperaturmessung gilt

$$T_M = m_M \cdot U_{T,M} + b_M \tag{4.9}$$

mit den Parametern m_M und b_M. Die Spannung $U_{T,M}$ besitzt dabei die Charakteristik eines PTC-Widerstandes (Kaltleiter). Für die messtechnische Bestimmung der temperaturabhängigen Spannung $U_{T,M}$ ist zwingend eine galvanische Trennung zur Wheatston'schen Brückenschaltung vorzusehen. Die (Standard-)Messunsicherheit der angewandten Methode zur Druckmessung ist in Unterabschnitt A.1.5 im Anhang zusammenfassend aufgeführt.

4.3 Leistungsmessung am elektrischen Antriebsstrang

Abbildung 4.9 zeigt die Anlagenverschaltung zur Wirkungsgradbestimmung des elektrischen Verdichterantriebes. Die Antriebsstrang-Komponenten werden im Vergleich zu bestehenden Arbeiten (vgl. [10], [77]) unter dynamischen Lastbedingungen am Verdichter vermessen. Für den jeweils untersuchten Betriebspunkt des Verdichters können prüfstandsseitig der mechanische Lastzustand sowie die thermodynamischen Zustandsgrößen am Verdichter angepasst werden.

Für die Untersuchungen wird ein Verdichter mit externer Wellenausführung verwendet. Die Leistungselektronik und der E-Motor (als axial angeflanschter Wellenantrieb) sind für die Wirkungsgradmessung außerhalb des Verdichters als separate Bauteile mit jeweils eigenem Gehäuse und Luftkühlung verbaut. Damit ist der Zugriff auf relevante mechanische (Drehmoment, Drehzahl) und elektrische Messgrößen (Strom, Spannung) zur Wirkungsgradbestimmung der elektrischen Komponenten möglich. Die Drehzahl- und Drehwinkelerfassung am E-Motor erfolgt wiederum anhand von Hall-Schaltern (vgl. Abschnitt 4.2). Es werden für die Wirkungsgradmessung baugleiche Komponenten des intern angetriebenen, halbhermetischen Verdichters verwendet. Die Wirkungsgradbewertung des Antriebsstranges erfolgt mit einem Leistungsmessgerät der Fa. Teledyne LeCroy GmbH (Modell:

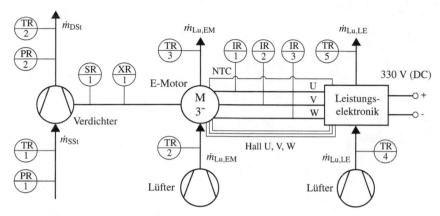

Abbildung 4.9: Anlagenverschaltung der Wirkungsgradmessung des elektrischen Antriebsstranges im R-I-Fließschema nach DIN EN 1861 [37]

MDA803 [135]). Die Abtastrate wurde zu 1 MS/s gewählt. Als Bezugsgröße der Messdauer wurde die Periodendauer des Phasenstromes des Leiters U gewählt. Die Messungen wurden jeweils für 20 Perioden durchgeführt.

Am Eingang der Leistungselektronik werden zur Bewertung der Eingangsleistung Gleichspannung und Gleichstrom gemessen. Am Ausgang der Leistungselektronik bzw. am Eingang des E-Motors ergibt sich die elektrische Leistung aus der Summe der Leistungsanteile der drei Leiter U, W und V. Mithilfe der Aronschaltung kann die Leistungsmessung auf zwei Differenzspannungs- und Phasenstrommessungen zurückgeführt werden. Die messtechnische Erfassung der elektrischen Größen erfolgt mithilfe von Spannungs- und Stromtastköpfen. Die mechanische Leistung wird mithilfe einer Drehmomentmesswelle und ergänzend zu den Hall-Schaltern mit einem Inkrementaldrehgeber erfasst. Ergänzende Informationen zur Berechnung der elektrischen und mechanischen Leistung sind in Abschnitt A.1 im Anhang aufgeführt. Die (Standard-)Messunsicherheit der angewandten Messmethode wird weiterhin behandelt.

5 Experimentelle Untersuchung des Verdichters

Im nachstehenden Kapitel werden wesentliche Messergebnisse zur Bewertung der Verdichtereffizienz anhand von Indiziermessungen, geeigneten äußeren und inneren Bewertungskenngrößen sowie Leckagemessungen am Zylinder vorgestellt. Die Ergebnisse basieren auf den experimentellen Untersuchungsmethoden nach Kapitel 4. Die Messergebnisse sind jeweils für den stationären Betriebszustand des Verdichters aufgeführt. Neben der experimentellen Untersuchung des Verdichter-Gesamtsystems wird auch der elektrische Antriebsstrang als Subsystem des Verdichters anhand von Wirkungsgradmessungen charakterisiert. Die gewonnenen Messergebnisse dienen neben der vollständigen Gesamtsystembewertung auch zur Validierung und Kalibrierung des in Kapitel 3 beschriebenen Modellierungsansatzes für einen elektrisch angetriebenen Taumelscheibenverdichter.

Tabelle 5.1 gibt eine Übersicht des im Rahmen der experimentellen Untersuchungen verwendeten Betriebspunktspektrums des Verdichters. Die relative Verdichterdrehzahl entspricht dem relativen Anteil der Verdichterdrehzahl im Verhältnis zur maximal zulässigen Verdichterdrehzahl typischer mechanisch angetriebener Kältemittelverdichter für den Einsatz in Pkws. Die aufgeführten Betriebspunkte (BP) wurden jeweils für eine OCR von 6, 20 und 40 % untersucht. Das im Betrieb des Verdichters verwendete Kältemaschinenöl entspricht der Viskositätsklasse ISO VG 68 (vgl. Stoffdaten des Schmiermittels nach Abschnitt B.3 im Anhang).

Tabelle 5.1: Betriebspunktmatrix für die Vermessung eines elektrisch angetriebenen Taumelscheibenverdichters am Verdichterprüfstand. Die Überhitzung beschreibt den Überhitzungszustand T_{Ueh} des Kältemittels am Saugstutzen. Aufgrund einer limitierten zulässigen Betriebstemperatur des Kältemittel-Öl-Gemisches am Druckstutzen des Verdichters erfolgte die Untersuchung des Verdichters für Betriebspunkt D bei minimaler Drehzahl im transienten Zustand.

					Relative Drehzahl/-				
BP	p_{SSt}/bar	p_{DSt}/bar	Π/-	T_{Ueh}/K	0,187	0,375	0,625	0,750	1,000
A	50	80	1,60	5	√	√	√	√	√
B	35	75	2,14	25	√	√	√	√	√
C	40	105	2,62	5	√	√	√	√	√
D	35	105	3,00	25	(√)	√	√	√	√

5.1 Indiziermessungen

Die Indizierung des vorliegenden Taumelscheibenverdichters wurde unter Variation der Betriebspunkte nach Tabelle 5.1 und der OCR synchron für alle fünf Zylinder des Verdichters

© Springer Fachmedien Wiesbaden GmbH, ein Teil von Springer Nature 2018
M. König, *Verlustmechanismen in einem halbhermetischen PKW-CO2-Axialkolbenverdichter*, AutoUni – Schriftenreihe 127,
https://doi.org/10.1007/978-3-658-23002-9_5

durchgeführt. Weiterhin sind die Druckpulsationen in der Saugkammer und der Druckkammer des Verdichters mithilfe des gleichen Sensortyps der Druckmessung im Zylinder aufgezeichnet worden. Damit ist eine Untersuchung der Wechselwirkung zwischen
Kammer- und Zylinderdrücken möglich. Es ist für jedes aufgezeichnete Indikatordiagramm
das Nominal-Saug- und Hochdruckniveau am Saug- und Druckstutzen des Verdichters sowie
vergleichend die isotherme Zustandsänderung ($n = 1$) und die adiabat isentrope Zustandsänderung ($n = 1,5$ bei 65 bar und 110 °C, vgl. Gleichung 2.14) für die Verdichtung und die
Rückexpansion eingezeichnet (vgl. Abbildung 5.1). Dabei ist zu beachten, dass die ideale
Zustandsänderung als Vergleichskurve für ein geschlossenes System des Zylinders (ohne
Leckageverluste) gilt.

5.1.1 Synchronizität und Verdichtungscharakteristik der Zylinder

Stets eine Herausforderung bei der Erstellung von Indikatordiagrammen ist die exakte Korrelation zwischen dem gemessenen Druckverlauf und dem Hubvolumen des Zylinders. Bei
der Bestimmung des Drehwinkels der Antriebswelle und der OT-Lage des Kolbens ergeben
sich Messunsicherheiten aufgrund von elastischen Bauteileigenschaften, Messunsicherheiten aufgrund der Nullpunktabweichung und der Sensitivitätsabweichung der Hall-Schalter. Die Bewertung der drehzahlabhängigen Drehwinkel- und Kolben-OT-Standardmess-
unsicherheit ist in Unterabschnitt A.1.5 im Anhang aufgeführt. Die auf Basis der vorliegenden Messmethode ermittelte Gesamt-Standardmessunsicherheit für den Kolben-OT zeigt
Tabelle 5.2. Ergänzend ist auch die erweiterte Standardmessunsicherheit der Kolben-OT-
Bestimmung unter Berücksichtigung eines Erweiterungsfaktors von $k = 2$ für ein Konfidenzniveau von 2σ (doppelte Standardabweichung, 95,45 %) angegeben.

Tabelle 5.2: Standardmessunsicherheit und erweiterte Standardmessunsicherheit (2σ) der Kolben-
OT-Bestimmung in Abhängigkeit von der relativen Verdichterdrehzahl

Drehzahl $f_{A,rel}$/-	$u_{\varphi(OT)_{ges}}$/° (einfach)	$U_{\varphi(OT)_{ges}}$/° (erweitert)
0,187	0,90	1,79
0,375	1,48	2,97
0,625	2,35	4,70
0,750	3,24	6,47
1,000	3,69	7,37

Mithilfe der ermittelten Messunsicherheit der Kolben-OT-Bestimmung kann eine Bewertung der Änderung des Indikatordiagramms im Hinblick auf die Charakteristik der Verdichtung, der Rückexpansion, der Rücksströmungseffekte des Saug- und Druckventils sowie des
Zylinderfüllgrades vorgenommen werden. Abbildung 5.1 zeigt den gemessenen Druckverlauf für alle fünf indizierten Zylinder des Verdichters für Betriebspunkt B. Die Indikatordiagramme sind für jeweils eine repräsentative Umdrehung des Verdichters bei Minimal- und
Maximaldrehzahl unter Variation der Kolben-OT-Lage im Indikatordiagramm für eine OCR

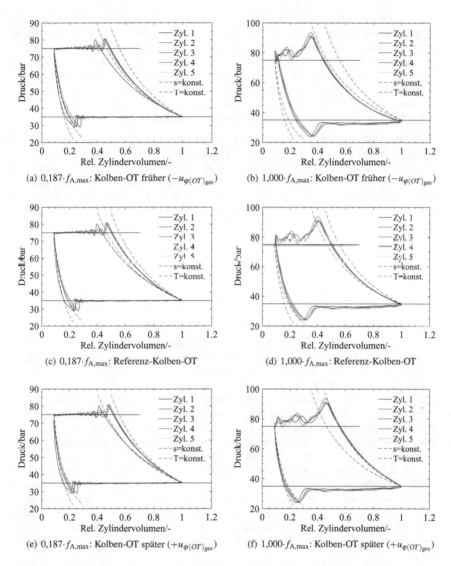

Abbildung 5.1: Indikatordiagramme für fünf Zylinder bei Betriebspunkt B ($\Pi = 2,14$) für $0{,}187 \cdot f_{\text{A,max}}$ (links) und für $1{,}000 \cdot f_{\text{A,max}}$ (rechts) für eine Umdrehung des Verdichters bei sechs Prozent OCR

von sechs Prozent dargestellt. Die Indikatordiagramme nach Abbildung 5.1 zeigen unabhängig von der Wahl der Kolben-OT-Lage für alle fünf Zylinder die vier charakteristischen Arbeitsphasen eines kontinuierlich arbeitenden Kolbenverdichters (vgl. Abschnitt 2.3). Alle Indikatordiagramme weisen aufgrund des verspäteten Öffnens der Ventile weiterhin mit steigender Drehzahl steigende Drucküberhöhungen am Ende des Verdichtungsvorganges (Überkompression) bzw. Druckabsenkungen am Ende des Rückexpansionsvorganges (Unterexpansion) auf. Auffällig sind die für selbsttätige Lamellenventile typischen abklingenden Schwingungen während des Ausschiebe- und des Ansaugvorganges.

Beim Vergleich der Verdichtungscharakteristik der Zylinder untereinander ist für $0,187$ $\cdot f_{A,max}$ und Zylinder 1 im Vergleich zu den Zylindern 2, 3, 4 und 5 eine geringere Steigung der Verdichtungs- und eine höhere Steigung der Rückexpansionskurve zu verzeichnen. Für Zylinder 1 ergibt sich für eine versetzte Kolben-OT-Lage mit positivem $u_{\varphi(OT)_{ges}}$ eine Charakteristik einer tendenziell isothermen Verdichtung und eine Charakteristik einer tendenziell adiabat isentropen Rückexpansion. Für die Wahl der Kolben-OT-Lage zu früheren OT-Werten ergibt sich für Zylinder 1 eine Charakteristik einer zunehmend unterisothermen Verdichtung bei einer gleichzeitig wiederum tendenziell steileren Charakteristik einer adiabat isentropen Rückexpansion. Bei $0,187 \cdot f_{A,max}$ arbeiten die weiteren Zylinder 2, 3, 4 und 5 im Vergleich zu Zylinder 1 jeweils phasenverschoben (bezogen auf den mechanischen Antriebswellenwinkel) gleichartig. In Abhängigkeit von der Wahl der Kolben-OT-Lage ergeben sich für die vier gleichartig arbeitenden Zylinder mit zunehmend früher gewählter Kolben-OT-Lage eine zunehmend isotherme Verdichtungscharakteristik sowie eine zunehmend unterisotherme Charakteristik der Rückexpansion.

Für $1,000 \cdot f_{A,max}$ ist im Vergleich zu $0,187 \cdot f_{A,max}$ eine gleichartige Arbeitsweise für alle fünf Zylinder zu beobachten. Die Steigungen der Verdichtungs- und Rückexpansionsverläufe entsprechen bei Maximaldrehzahl näherungsweise denjenigen der Minimaldrehzahl. Der Vergleich zwischen den Indikatordiagrammen der Maximal- und Minimaldrehzahl liefert im Hinblick auf die Drucküberhöhung während des Ausschiebevorganges deutlich höhere Werte für die Maximaldrehzahl im Bereich von etwa 18 bar. Für die Druckabsenkung im Zylinder während des Ansaugvorganges ergeben sich Werte im Bereich von etwa 10 bar. Für die Minimaldrehzahl des Verdichters ergeben sich Werte im Bereich von etwa 5 bar (Ausschieben) bzw. etwa 6 bar (Ansaugen). Des Weiteren sind in den Indikatordiagrammen jeweils am Ende des Ausschiebevorganges bei der Maximaldrehzahl des Verdichters vergleichsweise stark ausgeprägte Ventilspätschlusseffekte zu erkennen. Bei zunehmenden Ventilspätschlusseffekten verschiebt sich der tatsächliche Beginn des Rückexpansionsvorganges hin zu größeren Zylindervolumina. Infolgedessen ergeben sich sinkende Zylinderfüllgrade. Die Charakteristik des Verdichters hinsichtlich des Ventilspätschlussverhaltens und des Zylinderfüllgrades wird in den Unterabschnitten 5.1.3 und 5.4.2 weiterführend diskutiert.

Bei der Bewertung der Ursachen für eine vergleichsweise geringe Steigung der Verdichtungs- und der Rückexpansionskurve mit der Charakteristik einer tendenziell isothermen Zustandsänderung (für die Kolben-OT-Lage „Referenz-Kolben-OT" nach Abbildung 5.1) werden im Folgenden drei physikalische Ursachen betrachtet:

- Wärmeübertragung zwischen Kältemittel und Zylinder

- Wärmeübertragung zwischen Kältemittel und Kältemaschinenöl

- Leckage am Zylinder

Für den Fall einer ausgeprägten Wärmeübertragung zwischen Kältemittel und Zylinder als eine Ursache der Charakteristik einer tendenziell isothermen Verdichtung wäre eine stetige Wärmeabfuhr von dem Kältemittel an den Zylinder während der Verdichtung notwendig. Für die Charakteristik einer isothermen Expansion wäre wiederum eine stetige Wärmezufuhr vom Zylinder an das Kältemittel notwendig. Zur Bewertung dieser Hypothese erfolgt für die vorliegende Verdichterkonfiguration zunächst eine Abschätzung des zwischen Kältemittel und Zylinder zu übertragenden Wärmestromes. Beispielhaft für die Verdichtung werden die Grenzfälle der abzuführenden Verdichtungswärme der adiabat isentropen Zustandsänderung im Vergleich zur isothermen Zustandsänderung für den Verdichtungsvorgang betrachtet. Es werden eine Kältemittelmasse von etwa 0.1 g pro Zylinder, eine mittlere spezifische isobare Wärmekapazität des Kältemittels von 1.2 kJ kg^{-1} K^{-1} und eine Temperaturdifferenz der Verdichtungsendtemperatur zwischen den Grenzfällen der Zustandsänderungen von 60 K angenommen.

In Abhängigkeit von der Verdichterdrehzahl ergeben sich für den betrachteten Betriebspunkt B zu übertragende Wärmeströme von bis zu einigen kW pro Zylinder. Für die relevante Zylinderraum-Geometrie ergeben sich damit jeweils Anforderungen an den mittleren Wärmeübergangskoeffizienten von mindestens 100 kW m^{-2} K^{-1}. Dieser Wert liegt mit einem Faktor von mindestens zehn über den gemessenen Werten der Wärmeübertragungskoeffizienten nach Süß [74] für einen CO$_2$-Kolbenverdichter. Auch die gemessenen Wärmeübergangskoeffizienten nach Disconzi et al. [29] für den Wärmeübergang am Zylinder eines Kolbenverdichters für das Kältemittel R-134a liegen mit einem Faktor von mindestens zehn unter dem abgeschätzten Wert eines Wärmeübergangskoeffizienten von 100 kW m^{-2} K^{-1}. Es ist daher davon auszugehen, dass der Einfluss von Wärmeübertragung zwischen dem Kältemittel und dem Zylinder nicht ausschließlich für die nach Abbildung 5.1 identifizierte Verdichtungs- und Expansionscharakteristik am Verdichter ursächlich sein kann.

Ein weiterer Grund für die Tendenz einer tendenziell isothermen Verdichtungs- und Rückexpansionscharakteristik kann sich aufgrund der Eigenschaft des Kältemaschinenöls ergeben, nämlich während des Verdichtungs- und Expansionsvorganges einen signifikanten Wärmestrom aufzunehmen bzw. abzugeben. Aufgrund der geringen Verweildauer des Kältemittel-Öl-Gemisches im Zylinder während des Verdichtungs- und Expansionsvorganges wird dabei ein sehr guter Wärmeübergang zwischen der kontinuierlichen Kältemittel- und der dispersen Ölphase vorausgesetzt. Für den Fall einer ausgeprägten Wärmeübertragung zwischen der Kältemittel- und der Ölphase als eine Ursache der Charakteristik einer tendenziell isothermen Verdichtung wären wiederum die nach Unterabschnitt 5.1.1 berechneten Anforderungen an den Wärmestrom notwendig. Für eine OCR von sechs Prozent und für einen idealen Wärmeübergang zwischen Kältemittel und Öl würde sich für das Öl bei einer angenommenen mittleren spezifischen Wärmekapazität von 2.09 kJ kg^{-1} K^{-1} [42] bei vollständiger Aufnahme der Verdichtungswärme eine Aufheizung von mindestens 100 K ergeben. Ein wesentlicher Einfluss der Wärmeübertragung zwischen Kältemittel und Öl auf die identifizierte isotherme Tendenz der Verdichtungs- und Expansionscharakteristik scheint daher unwahrscheinlich zu sein. Der Einfluss der Ölumlaufrate auf die Verdichtungscharakteristik wird in Unterabschnitt 5.1.2 weiterhin experimentell bewertet.

Als eine wahrscheinliche Ursache für die nach Abbildung 5.1 identifizierte isotherme Tendenz der Verdichtungs- und Expansionscharakteristik ist der Leckageeinfluss am Zylinder zu benennen. Ein besonderes Augenmerk bei der Bewertung der Verdichtungseffizienz ist daher auf die Identifizierung der Leckageverluste zu legen. Die experimentelle Untersuchung der Leckageverluste am Zylinder erfolgt weiterführend in Abschnitt 5.2. Die Abweichung der Verdichtungscharakteristik des Zylinders 1 im Vergleich zu den weiteren vier Zylindern 2, 3, 4 und 5 ist möglicherweise ebenso auf eine erhöhte Leckage am Zylinder 1 zurückzuführen.

5.1.2 Einfluss der Ölumlaufrate (OCR)

Der Einfluss der OCR auf die Verdichtungscharakteristik ist in Abbildung 5.2 für die Minimal- $(0,187 \cdot f_{A,max})$ und Maximaldrehzahl $(1,000 \cdot f_{A,max})$ des Verdichters für Betriebspunkt B und jeweils einen repräsentativen Zylinder (Zylinder 3) dargestellt. Die dargestellten Indikatordiagramme zeigen für eine Variation der OCR von 6 bis 40 % ein vergleichbares Verhalten der Verdichtungs-, Ausschiebe-, Rückexpansions- und Ansaugcharakteristik. Mit zunehmender OCR ist eine leichte Tendenz einer stärker adiabat isentropen Charakteristik der Verdichtung und Rückexpansion mit jeweils etwas erhöhter Überkompression (Druckventil) bzw. Unterexpansion (Saugventil) zu beobachten. Die relativen Ventilverluste steigen aufgrund des verzögerten Ventilöffnens und aufgrund steigender Strömungsverluste (für das Saugventil) bei nahezu identischer Schwingungscharakteristik der Ventile mit zunehmender OCR tendenziell an. Anhand der Indikatordiagramme wird ein signifikant verspätetes Schließen des Druckventils mit zunehmender OCR deutlich. Die zunehmende Ventilspätschlussneigung des Druckventils bei steigender OCR wird durch einen tendenziell steileren Verlauf der Expansionskurve kompensiert, sodass sich ein nahezu OCR-unabhängiger Zeitpunkt des Beginns der Kältemittel-Ansaugung im Zylinder ergibt. Ein zunehmend verspätetes Schließen des Saugventils mit zunehmender OCR ist nicht zu beobachten. Für die Maximaldrehzahl des Verdichters ergeben sich im direkten Vergleich zur Minimaldrehzahl des Verdichters geringere Schwankungsbreiten des Drucksignals. Die Schwankungsbreite des Druckes erhöht sich mit zunehmendem Ölanteil im Kältemittel.

Als eine mögliche Ursache für eine mit zunehmender OCR ansteigende Überkompression und Unterexpansion nach Abbildung 5.2 ist der Einfluss von Ventilklebeeffekten zu nennen (vgl. Unterabschnitt 3.2.6). Für das Saug- und Druckventil kann sich aufgrund von Ölkleben ein verspätetes Abheben des Ventils vom Ventilsitz bzw. vom Niederhalter ergeben. Die vorliegenden Messungen zeigen insbesondere bei hoher Drehzahl als mögliche Konsequenz des Ölklebens auch ein zunehmendes Ventilspätschlussverhalten. Abbildung 5.3 verdeutlicht den Zusammenhang zwischen zunehmender OCR und zunehmendem Ventilspätschlussverhalten der Ventile beispielhaft jeweils für die Maximaldrehzahl des Verdichters. Der Schließzeitpunkt der Ventile ist jeweils zur mechanischen Kolben-OT-/Kolben-UT-Lage referenziert. Unter Berücksichtigung einer OCR von 40 % können sich ausgeprägt hohe Werte

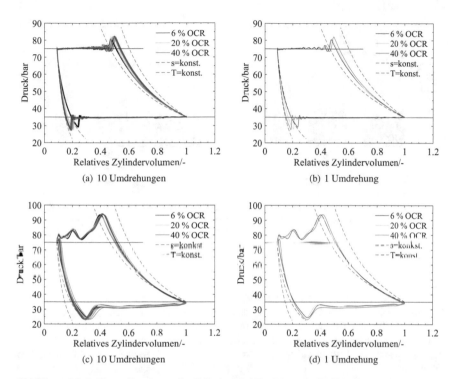

Abbildung 5.2: Indikatordiagramme für Zylinder 3 bei Betriebspunkt B ($\Pi = 2,14$) für $0{,}187 \cdot f_{\mathrm{A,max}}$ (oben) und $1{,}000 \cdot f_{\mathrm{A,max}}$ (unten) bei 6, 20 und 40 % OCR

des Winkelversatzes von mehr als 30° für das Druckventil ergeben. Das Saugventil zeigt wie auch das Druckventil Ventilspätschlüsse von bis zu 17°. Im Vergleich zum Druckventil ergibt sich für das Saugventil keine signifikante Tendenz steigender Ventilspätschlüsse mit zunehmender OCR. Die konstruktiv bedingt signifikant geringere Anlagefläche des Saugventils am Niederhalter gegenüber dem Druckventil kann hierfür ursächlich sein (vgl. Ventilaufbau nach Abbildung 3.4). Im Hinblick auf die Vermeidung von Ventilklebeeffekten sind die Ventilanlageflächen daher möglichst klein auszuführen.

Als eine mögliche Ursache für die Tendenz einer steileren Verdichtungs- und Expansionscharakteristik bei steigender OCR ist der inkompressible Einfluss des Öls auf die Verringerung des tatsächlichen Gasvolumens im Zylinder zu benennen. Für Betriebspunkt B ergibt sich bei einer OCR von 40 % für den Saugzustand ein Öl-Volumenanteil von etwa vier Prozent und für den Druckzustand ein Öl-Volumenanteil von etwa acht Prozent. Mit zunehmender Annäherung der Öl- und Gasdichte bei der Verdichtung nimmt dabei der Gasvolumenanteil im Zylinder und schließlich auch im Schadvolumen des Verdichters ab.

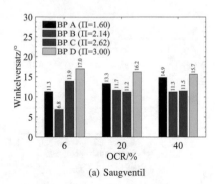

(a) Saugventil

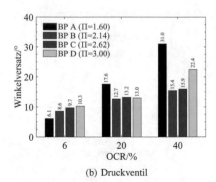

(b) Druckventil

Abbildung 5.3: Winkelversatz des Schließzeitpunktes des Saug- und Druckventils (mit Referenz zur Kolben-Totpunktlage) aufgrund von Ventilspätschlüssen für Zylinder 3 bei Variation der Betriebspunkte A, B, C und D sowie der OCR für eine relative Drehzahl von $1.000 \cdot f_{A,max}$

Es lässt sich unter ausschließlicher Berücksichtigung des reinen Gasvolumens im Zylinder (Kältemittel) bei steigenden Ölanteilen anhand der referenzierten Vergleichs-Zustandsänderungen jeweils nach Gleichung 2.14 eine steilere Verdichtungs- und Expansionscharakteristik bestimmen. Mit zunehmendem Ölanteil im Kältemittel-Öl-Gemisch unterschätzen die eingezeichneten Vergleichs-Zustandsänderungen damit jeweils die Steigung der tatsächlichen Vergleichs-Zustandsänderungen anhand des reinen Gasanteils des Kältemittels im Zylinder.

Als Ursache für die Änderung der Schwankungsbreite des Druckes (vgl. Abbildung 5.2) ist die Änderung der Partikelgrößenverteilung der Öltröpfchen in Abhängigkeit von der Drehzahl und der Ölkonzentration zu vermuten. Toyoama et al. [139] zeigen beispielsweise mithilfe von Particle Image Velocimetry (PIV) und Particle Tracking Velocimetry (PTV) für einen Scroll-Verdichter, dass die mittlere Partikelgröße der Öltröpfchen in der Kältemittelphase mit steigender Drehzahl sinkt. Dieselbe Tendenz kann auch für einen Kolbenverdichter erwartet werden.

5.1.3 Einfluss des Druckverhältnisses und der Drehzahl

Ein weiterer wesentlicher Einfluss auf die Verdichtungscharakteristik ergibt sich durch die Wahl des Verdichtungsdruckverhältnisses und der Verdichterdrehzahl. Abbildung 5.4 zeigt eine Übersicht der Indikatordiagramme bei Variation des Druckverhältnisses für alle untersuchten Verdichterdrehzahlen.

Für alle Betriebspunkte zeigt der Zylinderdruckverlauf mit zunehmender Drehzahl eine näherungsweise gleichartige Charakteristik der Verdichtung. Die Verdichtungskennlinie befindet sich dabei in einem plausiblen Bereich zwischen der isothermen und adiabat isen-

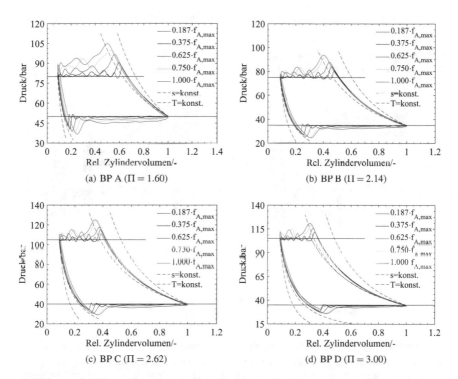

Abbildung 5.4: Indikatordiagramme für Zylinder 3 für die Betriebspunkte A, B, C, und D in Abhängigkeit von der Verdichterdrehzahl bei sechs Prozent OCR

tropen Vergleichs-Verdichtung mit der Tendenz zu einer isothermen Verdichtungscharakteristik. In Bezug auf die Charakteristik der Expansionskennlinie ist ebenso eine Steigung im Bereich der isothermen Zustandsänderung zu beobachten. Mit zunehmender Drehzahl ergibt sich eine scheinbar zunehmende Charakteristik einer unterisothermen Expansion mit zunehmenden Rückexpansionsverlusten. Weiterhin ist für ein steigendes Verdichtungsdruckverhältnis anhand der gemessenen Zylinderdruckverläufe aufgrund des geringeren Fördermassenstromes und sinkender Strömungsgeschwindigkeiten an den Ventilen eine Verringerung der Strömungsverluste an den Ventilen zu identifizieren.

Die Charakteristik zunehmender Rückexpansionsverluste bei steigender Drehzahl ergibt sich infolge der bereits diskutierten zunehmenden Ventilspätschlussneigung des Druckventils durch Ölklebekräfte. Für eine minimale OCR von sechs Prozent ist ein dominierender Anteil der Trägheitskräfte am Ventil (vgl. Unterabschnitt 3.2.6) mit einem signifikanten Einfluss auf die Ventilspätschlussneigung zu erwarten. Die Charakteristik der Verdichtung zeigt demgegenüber einen näherungsweise drehzahlunabhängigen Verlauf ohne eine erkennbare Saugventilspätschlussneigung aufgrund des abweichenden konstruktiven Aufbaus des Saugventils.

Abbildung 5.5 zeigt den resultierenden Winkelversatz im Vergleich zur Kolben-Totpunkt-Lage für das Saug- und Druckventil für alle untersuchten Betriebspunkte.

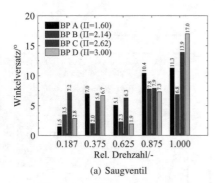
(a) Saugventil

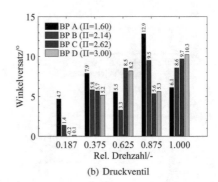
(b) Druckventil

Abbildung 5.5: Winkelversatz für den Schließzeitpunkt des Saug- und Druckventils (mit Referenz Kolben-OT) aufgrund von Ventilspätschlüssen für Zylinder 3 und die Betriebspunkte A, B, C und D bei sechs Prozent OCR

Bei Gegenüberstellung des Ventilspätschlussverhaltens für unterschiedliche Druckverhältnisse ist jeweils keine signifikante Tendenz des Ventilspätschlussverhaltens für beide Ventile zu erkennen. Für eine steigende Drehzahl ergeben sich jedoch zunehmende Winkelversätze bis zu 17° für das Saug- und bis zu 10° für das Druckventil. Das Saug- und Druckventil zeigen ein Ventilspätschlussverhalten in ähnlicher Größenordnung. Die verhältnismäßig hohe Streubreite des Winkelversatzes sowie eine in Teilen unstetige Zunahme des Winkelversatzes bei steigender Drehzahl kann unter anderem aufgrund des statistischen Einflusses von Öltröpfchen auf die Ventildynamik vermutet werden. Bei der experimentellen Bewertung des Winkelversatzes ist weiterhin für die vorliegende Auswertung zu berücksichtigen, dass die Ventilspätschlüsse anhand einer Korrelation des Zylinderdrucksignals zum Antriebswellendrehwinkel identifiziert worden sind. Der Betrag der erweiterten Standardmessunsicherheit der Winkelversatzbestimmung ist mithilfe von Tabelle 5.2 in Abhängigkeit von der Drehzahl mit etwa zwei bis acht Winkelgrad zu bewerten.

5.1.4 Einfluss der Druckpulsationen

Für alle untersuchten Betriebspunkte des Verdichters ist anhand der Indikatordiagramme während des Ansaug- und des Ausschiebevorganges ein pulsierender Zylinderdruckverlauf mit einer klar erkennbaren Überkompression bzw. Unterexpansion zu beobachten. Druckmessungen in der Saug- und Druckkammer des Verdichters zeigen ebenso ausgeprägte

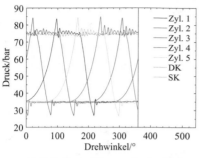

(a) Zylinder- und Kammerdruckverläufe

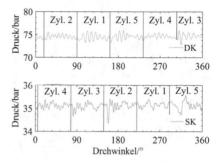

(b) Detailansicht Druckverlauf Druck- (DK) und Saugkammer (SK)

Abbildung 5.6: Zylinder- und Kammerdruckverläufe für Betriebspunkt B ($\Pi = 2,14$) bei sechs Prozent OCR mit $0{,}375 \cdot f_{A,max}$

Schwingungsanteile im Drucksignal. Abbildung 5.6 stellt exemplarisch für Betriebspunkt B den drehwinkelabhängigen Druckverlauf aller fünf Zylinder sowie der Saug- (SK) und Druckkammer (DK) dar. Die sich überschneidenden periodischen Ansaug- und Ausschiebevorgänge der Zylinder des Verdichters führen zu Druckänderungen in der Saug- und Druckkammer mit wiederum jeweils periodischem Charakter. Die Abschnitte der Druckänderungen mit periodischem Charakter in den Kammern lassen sich näherungsweise den sequenziellen Ausschiebevorgängen der Zylinder anhand des korrelierten Drehwinkels der Antriebswelle zuordnen. Die Druckschwankungen für die Druckkammer ergeben höhere Beiträge von etwa $\pm 1.5\,$bar im Vergleich zur Saugkammer von etwa $\pm 0.4\,$bar. Der Betrag der Druckänderung in der Druckkammer zeigt eine bedingte Abhängigkeit zum Betrag der Zylinderdruckänderung. Zu Beginn des Ausschiebe- und des Ansaugvorganges der Zylinder ergeben sich für die Kammern tendenziell vergleichsweise starke Druckschwankungen mit hohen Änderungsraten der Absolutdrücke. Zum Ende der Ausschiebe- und Ansaugphase sinkt die Amplitude der Druckschwingungen und der Absolutdruck der Kammer tendenziell ab.

Aufgrund eines begrenzten Volumens der Saug- und Druckkammer können sich infolge eines dynamischen Gasmassenaustausches zwischen den Kammern und den Zylindern des Verdichters bidirektional gekoppelte Druckänderungen ergeben. Der relativ geringe Betrag der Druckänderungen in der Saugkammer im Vergleich zur Druckkammer ist wesentlich auf das erheblich größere Volumen der Saugkammer im Verhältnis zur Druckkammer (8:1) zurückzuführen. In der vorgelagerten Saug- bzw. der nachgelagerten Hochdruckleitung des Verdichters ergeben sich weiterhin aufgrund der Kammer-Pulsationen ebenso Druckpulsationen, die sich neben einer Herabsetzung der Betriebsfestigkeit der Bauteile auch im Hinblick auf die Fahrzeugakustik negativ auswirken können.

Abbildung 5.7 zeigt im Detail die Druckverläufe während des Ausschiebe- und Ansaugvorganges für Zylinder 2 sowie die Druckverläufe der Saug- und Druckkammer des Verdichters.

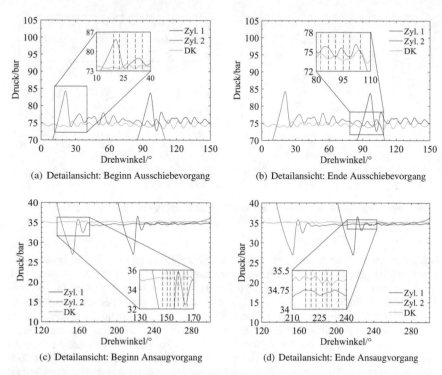

(a) Detailansicht: Beginn Ausschiebevorgang

(b) Detailansicht: Ende Ausschiebevorgang

(c) Detailansicht: Beginn Ansaugvorgang

(d) Detailansicht: Ende Ansaugvorgang

Abbildung 5.7: Detailansichten Zylinder- und Kammerdruckverläufe für Betriebspunkt B ($\Pi = 2,14$) bei sechs Prozent OCR mit $0{,}375 \cdot f_{\mathrm{A,max}}$

Eine unmittelbare Druckrückkopplung zwischen dem Zylinder- und dem Kammerdruckniveau ist anhand des aufgezeigten Ausschnittes der Druckverläufe nicht zu identifizieren. Beispielhaft zeigt Zylinder 2 bei Erreichen der maximalen Überkompression mit maximaler Kolbengeschwindigkeit und einem zu erwartenden maximalen Massenstrom beim ersten Öffnen des Druckventils (etwa 84 bar, 20°) keinen unmittelbaren Druckanstieg in der Druckkammer. Ein signifikanter Druckanstieg in der Druckkammer ist dagegen zeitlich versetzt bei einem Drehwinkel von etwa 28° zu verzeichnen. Ebenso ist für das zweite Öffnen des Druckventils (etwa 77 bar, 33°) ein zeitlich versetzter Druckanstieg bei 36° bzw. 42° zu verzeichnen. Auch für die weiteren Bereiche des Ansaug- und Ausschiebevorganges des Saug- und Druckventils ist keine systematische Rückkopplung des Zylinder- und Kammerdruckes zu identifizieren.

Die zu beobachtende verzögerte bedingte Wechselwirkung zwischen dem Zylinderdruck und den Kammerdrücken ist zunächst aufgrund der begrenzten Schallgeschwindigkeit im Fluid zu vermuten. Für die vorliegende Verdichterkonstruktion ergibt sich für den Zylinder-

Kammerabstand ein geometrischer Abstand von etwa 50 mm. Bei den untersuchten Betriebsrandbedingungen ergibt sich dabei eine Schallausbreitungsgeschwindigkeit von etwa $265\,\text{m s}^{-1}$ im Fluid. Unter den gegebenen Bedingungen resultiert ein Winkelversatz in der beobachteten Größenordnung von etwa drei bis vier Winkelgrad der Druckausbreitung zwischen Zylinder und Kammer. Eine zeitlich verzögerte und gedämpfte Druckkopplung zwischen den Zylindern und den Kammern des Verdichters kann sich weiterhin durch eine druckgesteuerte verzögerte Gasströmung durch die Ventile in und aus dem Zylinder ergeben.

Die drehwinkelbezogene Überschneidung von Ansaug- und Ausschiebevorgängen einzelner Zylinder führt infolge geänderter Druckpulsationen in den Kammern wiederum zu geänderten Druckkräften und damit zu einer gegenseitigen Beeinflussung des Öffnungs- und Schließ- bzw. des Spätschlussverhaltens der Ventile. Die Detailansicht für das Ende des Ausschiebevorganges zeigt beispielhaft bei etwa 96° einen abfallenden Druck für Zylinder 1. Mit einer Verzögerung von etwa acht Winkelgrad ergibt sich durch den Ausstoßvorgang ein Druckanstieg in der Druckkammer des Verdichters. Der erhöhte Gegendruck in der Druckkammer des Verdichters kann dabei zu einem verbesserten Spätschlussverhalten des Druckventils von Zylinder 2 führen.

Der Zylinder- und Kammerdruck besitzt unabhängig von der endlichen Druckausbreitungsgeschwindigkeit eine Charakteristik eines statistisch verteilten Zusammenhanges. Als Ursache einer statistischen Änderung des Zylinder- und Kammerdruckes kann eine statistische Fluktuation der Feldgrößen der turbulenten Strömung (Druck und Geschwindigkeit) in den Zylindern und den Kammern berücksichtigt werden. Der statistische Einfluss der Partikelgrößen- und Konzentrationsverteilung des Kältemaschinenöls (vgl. [145]) während des Verdichterbetriebes kann ferner einen signifikanten Einfluss auf einen statistisch schwankenden Druckverlauf haben.

Eine experimentelle Bewertung des Zusammenhanges zwischen der Verdichtereffizienz und den Kammerpulsationen ist nur schwer möglich. Der Zusammenhang zwischen Verdichtereffizienz und Druckpulsationen ist stets anhand der spezifischen Verdichterkonfiguration unter den gegebenen Betriebsbedingungen vorzunehmen und erfordert ein tiefgründiges interdisziplinäres physikalisches Verständnis der Fluid- und Ventildynamik. Vorzugsweise kann mithilfe von gekoppelter mehrdimensionaler numerischer Fluid-Struktur-Simulation (FSI-Simulation) eine Bewertung des aufgeführten physikalischen Zusammenhanges erfolgen.

5.2 Charakterisierung von Leckageverlusten am Zylinder

Die in Abschnitt 2.4 beschriebenen Verlustanteile im Verdichter berücksichtigen weiterhin den Leckageverlust aufgrund von ungewolltem Gasübertritt an mechanischen Dichtstellen am Zylinder. Zur Bewertung von Leckageverlusten am Zylinder erfolgt eine experimentelle Bestimmung des Leckageanteils am Zylinder anhand des Gas-Leckagemassenstromes über die Kolbenringe (Blowby-Massenstrom) mit einem Untersuchungsansatz nach Abschnitt

C.1 im Anhang. Weiterhin wird die Leckage an den Verdichterventilen an einem Komponentenprüfstand (vgl. Abschnitt C.2 im Anhang) unter statischen Bedingungen experimentell untersucht.

5.2.1 Leckageverluste an den Kolbenringen

Auf der Grundlage vergleichsweise hoher effektiver Druckdifferenzen an den Kolbenringen bei der Verwendung des Kältemittels CO_2 ist davon auszugehen, dass sich ein Leckagemassenstrom über die Kolbenringe mit signifikantem Leckageverlustbeitrag für das Gesamtsystem Verdichter ergibt. Um systematische Messunsicherheiten aufgrund von Ölanteilen im Blowby-Massenstrom auszuschließen, sind die anhand eines Coriolis-Massenstromsensors ermittelten Leckagemassenströme (vgl. Abbildung C.1 im Anhang) auf Grundlage einer Volumen-Verdrängungsmessung mit anschließendem Ausströmen des Blowby-Gases in die Umgebung anhand eines Ansatzes nach Süß [74] validiert worden (vgl. Abbildung C.2 im Anhang). Die experimentellen Untersuchungen zeigen auch für signifikante Ölanteile im saugseitig rückgeführten Blowby-Massenstrom, dass der Blowby-Massenstrom mit hoher Genauigkeit anhand des Coriolis-Massenstromsensors bestimmt werden kann. Abbildung 5.8 zeigt die experimentell anhand eines Coriolis-Sensors ermittelten Beträge des Blowby-Massenstromes aller Zylinder für die Betriebspunkte B und D.

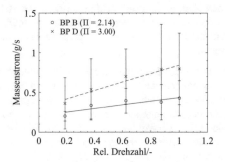

Abbildung 5.8: Blowby-Massenstrom für die Betriebspunkte B ($\Pi = 2,14$) und D ($\Pi = 3,00$) bei sechs Prozent OCR unter Berücksichtigung der erweiterten Standardmessunsicherheit für ein Konfidenzniveau von 2σ

Für eine zunehmende Drehzahl und ein zunehmendes Druckverhältnis ergibt sich ein ansteigender Betrag des Blowby-Massenstromes. Im Vergleich zu den von Süß [74] experimentell ermittelten Leckagemassenströmen am Spalt zwischen dem Kolben und der Zylinderlaufbuchse für einen Tauchkolbenverdichter im Bereich von etwa 0.1 bis 0.3 mg s^{-1}, ergeben sich für die vorliegende Messung vergleichsweise hohe absolute Werte des Blowby-Massenstromes von etwa 0.25 g s^{-1} bis 0.8 g s^{-1}. Der Anteil des Blowby-Massenstromes am Fördermassenstrom beträgt dabei für Betriebspunkt B etwa ein bis zwei Prozent. Für Betriebspunkt C ergeben sich etwa zwei bis fünf Prozent. Süß [74] referenziert in diesem Zusammenhang auch Blowby-Massenstrommessungen an einem mechanisch angetriebenen Taumelscheibenverdichter mit größeren Beiträgen des Leckagemassenstromes (ohne nähere Angabe) über die Kolbenringe. Die experimentell für den vorliegenden elektrisch angetriebenen Taumelscheibenverdichter ermittelten Leckagewerte ergeben im Vergleich zu den von Süß [74] ermittelten Leckagewerten für einen Tauchkolbenverdichter erheblich höhere Werte. Diese sind wahrscheinlich auf ein deutlich höheres Dichtfläche-/Zylindervolumenverhältnis des Kolbenringes am Taumelscheibenverdichter zurückzuführen. Dazu ist das Zylinderdurchmesser-/Kolbenhubverhältnis des untersuchten Verdichters zu bewerten. Für den vorliegenden Taumelscheibenverdichter liegt dieses bei weniger als eins mit der Charakteristik eines Kurzhubers. Die Charakteristik des Kurzhubers im Vergleich zum Langhuber führt aufgrund des höheren Flächen-/Volumenverhältnisses zu einer tendenziell erhöhten Spaltleckage am Kolben.

Die experimentell ermittelte ansteigende Tendenz des Blowby-Massenstromes für einen elektrisch angetriebenen Taumelscheibenverdichter zeigt im Vergleich zu den Messergebnissen von Süß [74] für einen Tauchkolbenverdichter einen entgegengesetzten drehzahlabhängigen Zusammenhang. Eine simulationsbasierte Untersuchung der Kolbenringdynamik (vgl. Kolbenringmodell nach Abschnitt B.7 im Anhang) des vorliegenden elektrisch angetriebenen Taumelscheibenverdichters bestätigt den experimentell identifizierten Zusammenhang eines tendenziell ansteigenden Blowby-Massenstromes mit zunehmender Verdichterdrehzahl für die Betriebspunkte B und D. Als eine wesentliche Ursache für den ermittelten Zusammenhang des ansteigenden Blowby-Massenstromes bei zunehmender Drehzahl ist eine Zunahme des mittleren effektiven Spaltquerschnitts zwischen dem Kolbenring und der Kolbennut zu nennen (vgl. Abbildung E.2 im Anhang). Dieser Einfluss ist aufgrund zunehmender Massenträgheitskräfte am Kolbenring bei steigender translatorischer Kolbengeschwindigkeit zu vermuten. Es ist zu bemerken, dass die ermittelten Blowby-Massenströme aufgrund der Dichtwirkung des Öls am Kolben eine Abhängigkeit vom Ölfüllstand des Verdichters aufweisen können. Es ist daher in Abhängigkeit von der vertikalen Positionierung der Zylinder im Zylinderblock von einer Ungleichverteilung der Blowby-Massenströme an den Zylindern auszugehen.

5.2.2 Leckageverluste an den Ventilen

Eine Quantifizierung des Leckagemassenstromes der Ventile am Zylinder des Verdichters unter realen Betriebsbedingungen ist aufgrund der begrenzten Zugänglichkeit schwierig darstellbar. Eine Bewertung von Leckageverlusten an den Ventilen des Verdichters ist als Komponenten-Messung am Komponentenprüfstand unter statischen und trockenen Bedingungen mithilfe des Prüfgases Stickstoff durchgeführt worden. Der zugrundeliegende Untersuchungsansatz ist in Abschnitt C.2 im Anhang beschrieben. Abbildung 5.9 zeigt den experimentell ermittelten Leckagemassenstrom für ein Druckventil bei einer Druckdifferenz von 9 bis 99 bar.

Für den untersuchten Messbereich lässt sich für Druckdifferenzen bis 89 bar ein näherungsweise linearer Anstieg des Leckagemassenstromes von etwa $1.7\,\mathrm{mg\,s^{-1}\,bar^{-1}}$ für das Druckventil verzeichnen. Der Leckagemassenstrom für den aufgezeichneten Messwert bei 99 bar

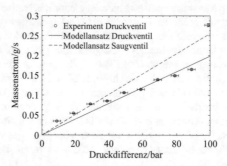

Abbildung 5.9: Experimentell ermittelter Leckagemassenstrom für das Druckventil und abgeleitet für das Saugventil unter trockenen Bedingungen bei Verwendung von Stickstoff als Prüfgas. Die erweiterte Standardmessunsicherheit wurde für ein Konfidenz-niveau von 2σ angegeben.

weicht von dieser Tendenz hin zu höheren Massenströmen ab. Süß [130] ermittelt auch einen druckabhängigen Leckagemassenstrom an einem Saugventil eines Tauchkolbenverdichters mithilfe des Prüfgases Stickstoff. Erneut liegen die von Süß ermittelten absoluten Werte der Leckage mit etwa $10 \, \mathrm{mg \, s^{-1}}$ erheblich unter den Leckagemassenströmen für den vor-liegenden Taumelscheibenverdichter. Süß zeigt darüber hinaus eine Leckagemassenstrom-Druckabhängigkeit entgegengesetzter Tendenz mit zunehmender Leckage bei geringeren Differenzdrücken. Er erläutert die zunehmende Leckage bei abnehmender Druckdifferenz am Ventil anhand von geringen Druckkräften, die auf das Ventil wirken und dabei die effektive Spalthöhe am Ventil erhöhen. Für die vorliegenden Messungen ist von einem näherungsweise konstanten Spaltmaß auszugehen. Bei steigender Druckdifferenz ergeben sich damit erhöhte Leckagewerte (vgl. Gleichung 3.15). Süß [130] stellt auch die Leckage-massenstrom-Messung mit Stickstoff einer Messung mit Kohlendioxid gegenüber. Die von Süß auf Basis beider Leckagemassenströme ermittelte Spalthöhe von etwa 0.5 bis 2.5 µm für das Saugventil liefert für beide Prüfgase eine sehr gute Übereinstimmung der Ergebnisse. Für die vorliegende Leckagemessung am Druckventil eines Taumelscheibenverdichters mit Stickstoff kann daher davon ausgegangen werden, dass die mit dem Prüfgas Stickstoff er-mittelte Spalthöhe mit hinreichender Genauigkeit auf die Anwendung mit Kohlendioxid im realen Verdichterbetrieb übertragen werden kann.

Mithilfe der statischen Leckagemessung am Druckventil kann für die vorliegende Leckage-messung nach Gleichung 3.21 ein Zusammenhang der effektiven Spaltfläche mit

$$A_{\mathrm{eff,L,DV}} = 4.136 \times 10^{-9} \, \mathrm{m^2} \tag{5.1}$$

identifiziert werden. Es wird angenommen, dass für das Saug- und das Druckventil die glei-chen Bedingungen der Spaltströmung bei jeweils unterschiedlichen Ventilbohrungsdurch-messern auftreten. Diese Annahme erlaubt unter Berücksichtigung des Dichtflächenverhält-nisses zwischen Saug- und Druckventil eine Abschätzung des druckabhängigen Leckage-massenstromes auch für das Saugventil mit etwa $2.5 \, \mathrm{mg \, s^{-1} \, bar^{-1}}$ (vgl. Abbildung 5.9).

5.3 Charakterisierung des elektrischen Antriebsstranges

Zur Beschreibung der elektrischen Leistungsverluste wurden jeweils ein Wirkungsgradkennfeld für die Leistungselektronik, den E-Motor sowie den vollständigen Antriebsstrang des Verdichters mithilfe der experimentellen Untersuchungsmethode nach Abschnitt 4.3 aufgenommen. Es sind dazu geeignete Komponenten des elektrischen Antriebsstranges für einen Pkw-kompatiblen Einsatz verwendet worden. Aufgrund der Prüfstandcharakteristik des Verdichterprüfstandes (vgl. Abschnitt 4.1) ergeben sich für die Wirkungsgradmessungen Betriebsbereiche eines Drehmomentes von $0{,}1 \cdot M_{A,max}$ bis $1 \cdot M_{A,max}$ bei relativen Drehzahlen von $0{,}187 \cdot f_{A,max}$ bis $1{,}000 \cdot f_{A,max}$. Weiterhin ergeben sich Einschränkungen des Betriebsbereiches bei Kombinationen von hohen Drehmomenten und geringen Drehzahlen sowie geringen Drehmomenten und hohen Drehzahlen. Abbildung 5.10 zeigt zunächst das aufgenommene Wirkungsgradkennfeld der Leistungselektronik.

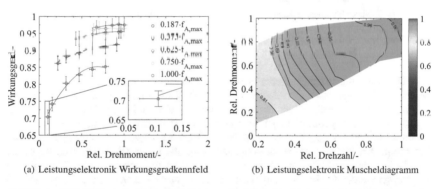

(a) Leistungselektronik Wirkungsgradkennfeld (b) Leistungselektronik Muscheldiagramm

Abbildung 5.10: Wirkungsgrad-Charakterisierung der Leistungselektronik mit Angabe der erweiterten Standardmessunsicherheit für ein Konfidenzniveau von 2σ

Die Messergebnisse weisen für alle untersuchten Drehmoment-Bereiche einen ansteigenden Wirkungsgrad für eine ansteigende Drehzahl auf. Es sind Wirkungsgrad-Maxima bei zunehmender Drehzahl für ein tendenziell zunehmendes Drehmoment zu identifizieren. Die Leistungselektronik zeigt im betrachteten Messbereich ein Wirkungsgradmaximum von etwa 0,97 bei maximaler Drehzahl und maximalem Drehmoment. Ein Wirkungsgradminimum von etwa 0,7 ergibt sich bei minimaler Drehzahl und minimalem Drehmoment. Die für den typischen Drehmoment-Betriebsbereich des Verdichters ($>0{,}15 \cdot M_{A,max}$) relevanten mittleren Wirkungsgrade lassen sich zu etwa 0,92 feststellen. Mit ansteigender Drehzahl sinkt der Anteil der Schaltverluste an den Gesamtverlusten mit der Folge höherer Leistungselektronik-Wirkungsgrade. Ebenso ist die Tendenz leicht ansteigender Wirkungsgrade bei steigender Drehmoment-Last auf verringerte Anteile der Schaltverluste an den Gesamtverlusten zurückzuführen.

Abbildung 5.11 zeigt analog zu den Betriebspunkten der Leistungselektronik-Kennfeld-bewertung das Wirkungsgradkennfeld des E-Motors. Das E-Motor-Wirkungsgradkennfeld

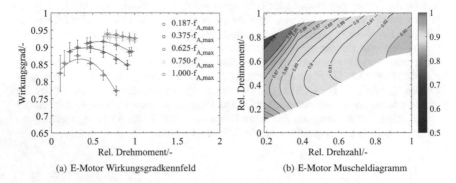

(a) E-Motor Wirkungsgradkennfeld   (b) E-Motor Muscheldiagramm

Abbildung 5.11: Wirkungsgrad-Charakterisierung des E-Motors mit Angabe der erweiterten Standardmessunsicherheit für ein Konfidenzniveau von 2σ

zeigt übereinstimmend bezüglich der Wirkungsgrad-Tendenzen der Leistungselektronik an-steigende Wirkungsgrade bei ansteigender Drehzahl. Das Wirkungsgradmaximum bewegt sich hingegen mit zunehmender Drehzahl in den Bereich geringerer Drehmomente. Die Wirkungsgrade des E-Motors liegen bei geringer Drehzahl ($<0,625 \cdot f_{A,max}$) und geringem Drehmoment ($>0,3 \cdot M_{A,max}$) bis zu zehn Prozent über denjenigen der Leistungselektronik. Die maximalen Wirkungsgrade bei hoher Drehzahl und hohen Drehmomenten liegen für den E-Motor bis zu fünf Prozent unter denjenigen der Leistungselektronik. Die mittleren Wirkungsgrade des E-Motors für typische Betriebspunkte des Verdichters liegen im Be-reich von 0,9 ($>0,15 \cdot M_{A,max}$) und damit leicht unterhalb denjenigen der Leistungselektronik. Die Wirkungsgradmaxima ergeben sich für den E-Motor als Optimum von stromabhängi-gen Stromwärme- und vornehmlich Leerlaufverlusten. Bei hohen Drehzahlen und niedri-gen Drehmomenten überwiegen die Leerlaufverluste. Bei niedrigen Drehzahlen und ho-hen Drehmomenten überwiegen die stromabhängigen Verluste. Bei konstanter Drehzahl und ansteigender Last ($>0,45 \cdot M_{A,max}$) ergeben sich für die vorliegende Konfiguration des E-Motors tendenziell sinkende Wirkungsgrade aufgrund von erhöhten Stromwärmeverlus-ten.

Abbildung 5.12 zeigt das Wirkungsgradspektrum des gesamten Antriebsstranges mit den überlagerten Verlustanteilen der Leistungselektronik und des E-Motors. Die für die Leis-tungselektronik und den E-Motor aufgezeigten Tendenzen der Wirkungsgradmaxima zeigen im Hinblick auf das Gesamtantriebsstrang-Wirkungsgradkennfeld Wirkungsgradmaxima jeweils bei mittleren Drehmomenten für alle untersuchten Drehzahlen. Der kombinierte Antriebsstrang-Wirkungsgrad liegt für geringe Drehzahlen sowie niedrige und maximale Drehmomente im Bereich 0,59 bis 0,66. Für hohe Drehzahlen ($>0,625 \cdot f_{A,max}$) liegt der Gesamt-Antriebsstrang-Wirkungsgrad für alle Drehmomentbereiche in Höhe von etwa 0,9. Für den Verdichterbetrieb bei typischen Betriebszuständen ergibt sich ein kombinierter An-

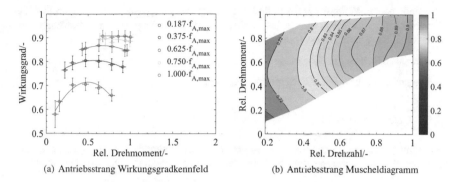

(a) Antriebsstrang Wirkungsgradkennfeld   (b) Antriebsstrang Muscheldiagramm

Abbildung 5.12: Wirkungsgrad-Charakterisierung des Antriebsstranges mit Angabe der erweiterten Standardmessunsicherheit für ein Konfidenzniveau von 2σ

triebsstrang-Wirkungsgrad von etwa 0,83. Die experimentell ermittelten Daten der Wirkungsgradkennfelder werden zur Parametrisierung der Leistungsverluste des elektrischen Antriebsstranges im Simulationsmodell verwendet (vgl. Parametrisierung nach Tabelle D.1 im Anhang).

5.4 Charakterisierung des Verdichters bei Betriebspunktvariation

Im Folgenden wird die Effizienz des vorliegenden Taumelscheibenverdichters in Abhängigkeit von der Drehzahl und vom Druckverhältnis mithilfe von äußeren und inneren Bewertungskenngrößen analysiert. Die aufgeführten äußeren Bewertungskenngrößen beziehen sich dabei auf Messgrößen, die jeweils mithilfe von Druck- und Temperaturmessungen an den Stutzenzuständen des Verdichters ermittelt wurden. Für die Beschreibung der inneren Bewertungskenngrößen wurden Daten der Verdichterindizierung nach Abschnitt 4.2 zugrunde gelegt. Die gezeigten Messergebnisse beziehen sich auf Messrandbedingungen bei einer konstanten Ölzirkulationsrate (OCR) von sechs (Massen-)Prozent. Bei den hier dargestellten Messergebnissen zur Charakterisierung der Verdichtereffizienz ist weiterhin zu berücksichtigen, dass eine externe Leistungselektronik zur Ansteuerung des Verdichters mit separater Luftkühlung verwendet wurde und somit die Verlustwärme der Leistungselektronik nicht zur internen Sauggasaufheizung beiträgt. Für die nachfolgende Bewertung der Verdichtercharakteristik werden die Kenngrößen:

- Liefergrad Stutzenzustand ($\lambda_{eff,St}$) / Kammerzustand ($\lambda_{eff,K}$)

- Füllgrad unter Berücksichtigung der Saugventilverluste (μ')

- Indizierter isentroper Gütegrad ($\eta_{isen,ind}$)

- Klemmengütegrad ($\eta_{isen,Kl}$)

zugrunde gelegt. Weiterhin werden die Überhitzung des Sauggases im Triebraum und die
Überhitzung in der Saugkammer des Verdichters zur Bewertung des Liefergradverlustan-
teils durch Sauggasaufheizung aufgeführt:

- Sauggasaufheizung im Triebraum ($\Delta T_{\mathrm{SSt,SSt-TR}}$)

- Sauggasaufheizung in der Saugkammer ($\Delta T_{\mathrm{SSt,TR-SK}}$)

5.4.1 Liefergradbetrachtung

Abbildung 5.13 zeigt den stutzenbezogenen und den kammerbezogenen Liefergrad des
untersuchten elektrisch angetriebenen Taumelscheibenverdichters. Die Liefergradbetrach-

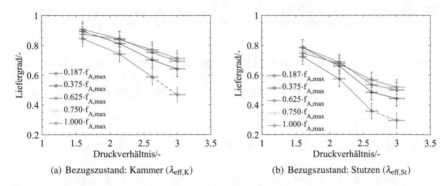

(a) Bezugszustand: Kammer ($\lambda_{\mathrm{eff,K}}$)   (b) Bezugszustand: Stutzen ($\lambda_{\mathrm{eff,St}}$)

Abbildung 5.13: Stutzen- und Kammerliefergrad in Abhängigkeit von der relativen Drehzahl und
des Druckverhältnisses für die Betriebspunkte A ($\Pi = 1{,}60$), B ($\Pi = 2{,}14$),
C ($\Pi = 2{,}62$) und D ($\Pi = 3{,}00$) bei sechs Prozent OCR für ein Konfidenzniveau
von 2σ

tung zeigt für beide untersuchten Bezugszustände weitestgehend den Zusammenhang eines
zunehmenden Liefergrades bei zunehmender Drehzahl. Für ein zunehmendes Druckverhältnis ergibt sich für die untersuchte Minimaldrehzahl des Verdichters ein sinkender Liefergrad.
Für eine mittlere Verdichterdrehzahl von $0{,}625 \cdot f_{\mathrm{A,max}}$ und ein minimales Druckverhältnis
ergeben sich jeweils maximale Liefergrade von etwa 0,78 bzw. von 0,91 für den Stutzen-
respektive den Kammerzustand. Für eine minimale Drehzahl und ein maximales Druckverhältnis des Verdichters ist eine erhebliche Reduktion des Liefergrades für Betriebspunkt D
bis zu etwa 0,29 (Stutzen) bzw. 0,47 (Kammer) zu beobachten. Die experimentell ermittelten Liefergrade des Verdichters zeigen insbesondere im Hinblick auf niedrige Drehzahlen
($<0{,}625 \cdot f_{\mathrm{A,max}}$) deutlich reduzierte Werte. Die Liefergradabweichung im Bereich geringer
Drehzahlen ($<0{,}625 \cdot f_{\mathrm{A,max}}$) beträgt bis zu 40 % bezogen auf den maximalen drehzahlspezi-
fischen Liefergrad. Für den Bereich mittlerer und hoher Verdichterdrehzahl ($\geq 0{,}625 \cdot f_{\mathrm{A,max}}$)
ergeben sich ähnliche Liefergrade mit einer Abweichung von etwa sechs Prozent. Neben
ausgeprägten Leckageverlusten (vgl. Abschnitt 5.2) ist von einem wesentlichen Beitrag der

Fördermassenstromreduktion bei geringen Drehzahlen und hohen Druckverhältnissen infolge von Sauggasaufheizung auszugehen.

Abbildung 5.14 zeigt die mittlere im Verdichter gemessene Sauggasaufheizung im Triebraum und in der Saugkammer. Für eine minimale Verdichterdrehzahl und maximales Druckverhältnis sind erhebliche Sauggasaufheizungen bis zu etwa 93 K zu verzeichnen. Dabei beträgt die maximale Sauggasaufheizung im Triebraum des Verdichters bis zu 65 K. Für Betriebspunkt C ergibt sich im Vergleich zu den Betriebspunkten B und D eine Verringerung der internen Sauggasaufheizung. Betriebspunkt C simuliert dabei einen Betriebszustand des Verdichters im Wärmepumpenbetrieb. Dieser Betriebspunkt wurde im Vergleich zu den Betriebspunkten B und D (AC-Betrieb) für eine um etwa 15 K verringerte Kältemitteltemperatur am Saugstutzen des Verdichters definiert.

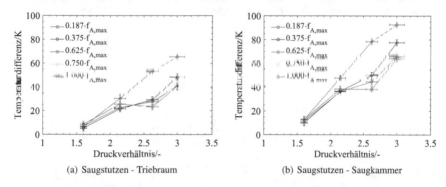

(a) Saugstutzen - Triebraum   (b) Saugstutzen - Saugkammer

Abbildung 5.14: Sauggasaufheizung im Triebraum und der Saugkammer in Abhängigkeit von der relativen Drehzahl und des Druckverhältnisses für die Betriebspunkte A ($\Pi = 1,60$), B ($\Pi = 2,14$), C ($\Pi = 2,62$) und D ($\Pi = 3,00$) bei sechs Prozent OCR für ein Konfidenzniveau von 2σ

Eine verringerte Sauggasaufheizung für Betriebspunkt C kann sich aufgrund verschiedener physikalischer Ursachen ergeben. Es können für eine verringerte Sauggastemperatur verringerte Stromwärmeverluste durch verringerte Ohm'sche Verluste im Stator des E-Motors bei sinkender mittlerer Motortemperatur resultieren. Ein weiterer Einfluss, der bei einer verminderten Sauggastemperatur zu betrachten ist, ist im Hinblick auf die Dissipationsverluste aufgrund von Reibungsphänomenen an den Wälzlagern der Antriebswelle zu erwarten. Auch sind Reibungsverluste an den Gleitkontakten zwischen Kolben und Taumelscheibe sowie zwischen Kolben und Zylinderlaufbuchse zu erwarten. Einen signifikanten Einfluss auf die Höhe der Reibungsverluste haben die Schmierstoffeigenschaften des verwendeten Kältemaschinenöls. Es ist zunächst zu bemerken, dass eine erhöhte Viskosität des Kältemaschinenöls eine gesteigerte Reibleistung im Saugtrakt des Verdichters bewirkt. Eine zunehmende Viskosität des Kältemittel-Öl-Gemisches ergibt sich dabei durch eine verringerte Sauggastemperatur (vgl. Abschnitt B.3 im Anhang). Weiterhin ergibt sich eine zunehmende Viskosität des Kältemittel-Öl-Gemisches durch ein verringertes Druckniveau. Für Betriebspunkt C ergibt sich im Vergleich zu Betriebspunkt B bei Erhöhung des Saugdruckniveaus (5 bar) und Verringerung des Temperaturniveaus (etwa 15 K) eine Verringerung der Ölviskosität im Bereich von etwa zehn Prozent. Bei angenommener gleichbleibender Reibungszahl ergeben sich damit tendenziell geringere Reibleistungs- und Sauggasaufheizungsverluste. Weiterhin kann für Betriebspunkt C im Vergleich zu Betriebspunkt B von einer verringerten Sauggasaufheizung aufgrund einer geringeren Verdichtungsendtemperatur ausgegangen werden. Mit verringerter Verdichtungsendtemperatur können sich auch geringere Sauggasaufheizungsverluste durch reduzierte Wärmeströme aufgrund von Wärmeleitung vom Abtriebsteil zum Saugbereich des Verdichters ergeben.

Abbildung 5.15 verdeutlicht den erheblichen Einfluss der Sauggasaufheizung des Kältemittels im Bereich des Triebraumes bzw. der Saugkammer im Hinblick auf die Verringerung des Verdichter-Liefergrades, vgl. Gleichung 2.16.

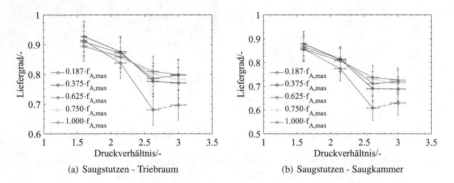

(a) Saugstutzen - Triebraum   (b) Saugstutzen - Saugkammer

Abbildung 5.15: Teilliefergrad durch Sauggasaufheizung im Triebraum und in der Saugkammer des Verdichters in Abhängigkeit von der relativen Drehzahl und des Druckverhältnisses für die Betriebspunkte A ($\Pi = 1,60$), B ($\Pi = 2,14$), C ($\Pi = 2,62$) und D ($\Pi = 3,00$) bei sechs Prozent OCR für ein Konfidenzniveau von 2σ

Berücksichtigt wurde dabei für den Teilliefergrad durch Sauggasaufheizung der messtechnisch erfass- und bewertbare Zusammenhang

$$\lambda_{\Delta T,SSt-TR} = \frac{\tilde{\rho}_{TR}}{\tilde{\rho}_{SSt}} \tag{5.2}$$

sowie

$$\lambda_{\Delta T,SSt-SK} = \frac{\tilde{\rho}_{SK}}{\tilde{\rho}_{SSt}}. \tag{5.3}$$

Dabei gilt es zu beachten, dass die Sauggasaufheizung durch die Abwärme des E-Motors, Reibungsverluste und Wärmeübertragungsverluste den auftretenden Leckageeffekten am Ventil, den Kolbenringen und an Dichtungen überlagert sind. Auch ist einzubeziehen, dass aufgrund der schwierigen Zugänglichkeit für Temperaturmessungen am Verdichter keine Aufheizungsverluste des Sauggases aufgrund von Sauggasaufheizung am Ventil, an der Ventilplatte und an der Zylinderwand in die Betrachtung einfließen. Der dargestellte Liefergradverlust anhand der durchgeführten Temperaturmessungen im Verdichter wird daher tendenziell unterschätzt. Weiterführend ist zu berücksichtigen, dass sich sowohl im Bereich des Triebraumes als auch im Bereich der Saug- und Druckkammer des Verdichters heterogene Temperaturverteilungen ausbilden können. Insbesondere aufgrund des Öleinflusses und aufgrund von Totwassergebieten mit signifikanten Temperaturdifferenzen – normal zur bevorzugten Strömungsrichtung – können sich Werte von bis zu 30 K ergeben. Innerhalb der Messungen sind zur Bewertung interner Sauggastemperaturen jeweils drei Temperaturmessstellen an den Kammern und eine Temperaturmessstelle im Triebraum des Verdichters berücksichtigt worden.

5.4.2 Füllgradbetrachtung

Ein im folgenden Abschnitt betrachteter weiterer wesentlicher Verlustanteil mit Einfluss auf die Verringerung des Volumeter-Liefergrades ergibt sich durch einen begrenzten Füllgrad des Zylinders unter Berücksichtigung der Saugventilverluste. Darstellung 5.16 zeigt die anhand von Indiziermessdaten ermittelten Zylinderfüllgrade unter Berücksichtigung der Saugventilverluste μ' (vgl. Gleichung 2.39) unter Variation der Drehzahl- und des Druckverhältnisses.

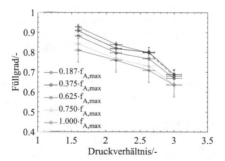

Abbildung 5.16: Zylinderfüllgrad mit Saugventilverlusten in Abhängigkeit von der relativen Verdichterdrehzahl und des Druckverhältnisses für die Betriebspunkte A ($\Pi = 1,60$), B ($\Pi = 2,14$), C ($\Pi = 2,62$) und D ($\Pi = 3,00$) bei sechs Prozent OCR für ein Konfidenzniveau von 2σ

Bei zunehmender Drehzahl und zunehmendem Druckverhältnis ist eine Verringerung des Zylinderfüllgrades zu verzeichnen. Der Zylinderfüllgrad ergibt sich bei minimaler Drehzahl und minimalem Druckverhältnis zu etwa 0,93. Für eine maximale Drehzahl und ein maximales Druckverhältnis reduziert sich der Zylinderfüllgrad auf einen Wert von etwa 0,64. Die zunehmende Tendenz eines verringerten Zylinderfüllgrades bei steigendem Druckverhältnis verdeutlicht auch Gleichung 2.35 für eine polytrope Zustandsänderung der Rückexpansion. Die Rückexpansionsverluste ergeben nach Gleichung 2.35 mit zunehmendem Schadraumanteil und zunehmenden Druckverhältnis einen zunehmenden Verlustbeitrag. Für das Szenario eines Schadvolumenanteils von etwa zehn Prozent im Zylinder des vorliegenden Verdichters ergibt sich für das maximale Druckverhältnis (Betriebspunkt D, $\Pi = 3$) unter Berücksichtigung eines Polytropenkoeffizienten von $n = 1,5$ eine Füllgradreduktion von etwa sieben Prozent im Vergleich zum minimalen Druckverhältnis (Betriebspunkt A, $\Pi = 1,6$)

Die experimentell ermittelten Zylinderfüllgrade liegen einerseits aufgrund der Berücksichtigung von Ventilverlusten erheblich über dem ermittelten theoretischen Wert von sieben Prozent. Insbesondere bei steigender Drehzahl des Verdichters ergeben sich reduzierte Zylinderfüllgrade aufgrund von Ventilverlusten. Zunehmende Rückströmungsverluste am Druckventil aufgrund von Ventilspätschlüssen führen dabei zu erhöhten Rückexpansionsverlusten und verringerten Zylinderfüllgraden. Für eine zunehmende Verdichterdrehzahl ergibt sich ein Füllgradverlustanteil von zwölf- (Betriebspunkt A), acht- (Betriebspunkt B), neun- (Betriebspunkt C) bzw. zwölf Prozent (Betriebspunkt D), jeweils für die Maximal- im Vergleich zur Minimaldrehzahl. Andererseits ist ein weiterer signifikanter Beitrag zur Reduktion des experimentell ermittelten Zylinderfüllgrades infolge von Rückexpansionsverlusten aufgrund der bereits diskutierten Leckagephänomene am Zylinder zu erwarten (vgl. Abschnitt 5.2).

Abbildung 5.17 verdeutlicht das Nachschwingen des Druckventils beispielhaft für alle experimentell untersuchten Drehzahlen des Betriebspunktes B. Aufgrund von Ventilspätschlüssen resultiert die Rückexpansion einer größeren Gasmenge im Schadraum mit der Konsequenz eines erhöhten effektiven Schadraumanteils des Verdichters. Für die Maximaldrehzahl des Verdichters ergibt sich im Vergleich zur Minimaldrehzahl des Verdichters durch einen verspäteten Ventilschluss (etwa acht Winkelgrad, vgl. Abbildung 6.5) ein zusätzlicher effek-

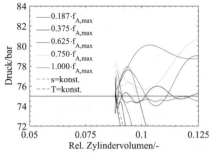

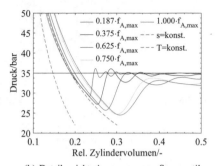

(a) Detailansicht: Schließvorgang des Druckventils   (b) Detailansicht: Ansaugvorgang Saugventil

Abbildung 5.17: Detailansichten der Indikatordiagramme für Zylinder 3 in Abhängigkeit von der relativen Verdichterdrehzahl für Betriebspunkt B ($\Pi = 2,14$) bei sechs Prozent OCR

tiver Schadraumanteil von etwa einem Prozent. Infolge gesteigerter Rückexpansionsverluste ergibt sich dabei für die Maximaldrehzahl im Vergleich zur Minimaldrehzahl des Verdichters eine Füllgradreduktion von etwa acht Prozent.

5.4.3 Gütegradbetrachtung

Abbildung 5.18 zeigt den experimentell ermittelten Zusammenhang des indizierten isentropen Gütegrades in Abhängigkeit vom Druckverhältnis und von der Verdichterdrehzahl. Die wesentlichen Verlustanteile durch Strömungsverluste, Druckpulsationen, Sauggasaufheizung, Rückexpansion, Leckage und Rückströmung fließen in die Bewertungskenngröße des indizierten isentropen Gütegrades über den effektiven Massenstrom bzw. die indizierte Leistung ein. Die Reibungsverluste werden beim indizierten isentropen Gütegrad ausschließlich über den Anteil der Sauggasaufheizung berücksichtigt.

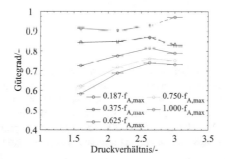

Abbildung 5.18: Indizierter isentroper Gütegrad in Abhängigkeit von der relativen Drehzahl und des Druckverhältnisses für die Betriebspunkte A ($\Pi = 1,60$), B ($\Pi = 2,14$), C ($\Pi = 2,62$) und D ($\Pi = 3,00$) bei sechs Prozent OCR für ein Konfidenzniveau von 2σ. Die Angabe der erweiterten Standardmessunsicherheit des Gütegrades erfolgt aus Gründen der Übersichtlichkeit in Abbildung D.1 im Anhang.

Für die betrachteten Betriebspunkte ergeben sich Gütegrade von etwa 0,58 bis 0,93. Für das aufgezeigte Spektrum des indizierten isentropen Gütegrades wird deutlich, dass für die untersuchten Druckverhältnisse jeweils eine ausgeprägte Drehzahlabhängigkeit des Gütegrades vorliegt. Die Gütegrade variieren in Abhängigkeit von der Drehzahl jeweils für ein konstantes Druckverhältnis für die Betriebspunkte A etwa ±13 %, B etwa ±acht Prozent, C etwa ±sieben Prozent und D etwa ±vier Prozent (unberücksichtigt des Messpunktes bei minimaler Drehzahl). Bei der Bewertung des Gütegrades für eine minimale Verdichterdrehzahl und Betriebspunkt D ist zu berücksichtigen, dass aufgrund der begrenzten Betriebstemperatur des Verdichters kein stationärer Betriebszustand eingestellt werden konnte. Der unter instationären Bedingungen gemessene Fördermassenstrom und der indizierte isentrope Gütegrad werden aufgrund des geringeren Temperaturniveaus im Saugbereich des Verdichters wahrscheinlich überschätzt. Für steigende Druckverhältnisse nimmt der indizierte isentrope Gütegrad tendenziell zu, wobei für Betriebspunkt D eine leichte Tendenz zu geringeren Gütegraden zu beobachten ist.

Ausschlaggebend für eine ausgeprägte Variation des Gütegrades, insbesondere für Betriebspunkt A, können drehzahlabhängig vergleichsweise stark variierende Massenströme und indizierte Leistungen sein. Einerseits ergibt sich für eine steigende Drehzahl eine zunehmende Ventilspätschlussneigung von $6.1°$ bis $31°$ (für die Minimal- bzw. Maximaldrehzahl des Verdichters, vgl. Abbildung 5.5) bei einer Verringerung des Fördermassenstromes aufgrund von zunehmenden Rückexpansionsverlusten. Andererseits ergeben sich für eine zunehmende Drehzahl vergleichsweise stark variierende relative Verlustbeiträge aufgrund von Strömungsverlusten und damit erhöhte indizierte Leistungen (vgl. Gleichungen 2.9 und 2.12). Der Betrag der relativen Ventilverluste variiert für die Minimaldrehzahl des Verdichters von 1,2 % für das Druckventil und von 0,4 % für das Saugventil. Für die Maximaldrehzahl des Verdichters ergeben sich bis zu 23,8 % für das Druckventil und bis zu 12,6 % für das Saugventil.

Für steigende Druckverhältnisse (Betriebspunkt B ($\Pi = 2,14$) und C ($\Pi = 3,00$) im Vergleich zu Betriebspunkt A ($\Pi = 1,60$)) ergeben sich tendenziell höhere Gütegrade. Aufgrund des geringen Massendurchsatzes an den Ventilen und damit einhergehend geringeren Strömungsdruckverlusten ergeben sich für steigende Druckverhältnisse verringerte indizierte Leistungen bei gleichzeitig moderaten Fördermassenstromverlusten. Im Hinblick auf die leicht abfallende Tendenz des Gütegrades von Betriebspunkt C nach Betriebspunkt D ist zu berücksichtigen, dass für das Maximaldruckverhältnis des Verdichters insbesondere Leckage-, Rückströmungs- und Rückexpansionseffekte den Zylinderfüllgrad absenken und damit wiederum der Fördermassenstrom signifikant reduziert wird (vgl. Abbildung 5.16).

Für eine vollständige Beschreibung der Systemeffizienz eines hermetischen Verdichters sind nach Abschnitt 2.4 auch die elektrischen Verluste durch die Leistungselektronik und den E-Motor einzubeziehen. Im Vergleich zum indizierten isentropen Gütegrad wird mithilfe des Klemmengütegrades über die indizierte Leistung hinaus auch der Anteil der Reibleistung und der elektrischen Leistung in einer Bewertungskenngröße berücksichtigt. Es wird die Summe jeglicher auftretender Verluste anhand des Klemmengütegrades beschrieben.

Abbildung 5.19 zeigt den drehzahl- und druckverhältnisveränderlichen Gütegrad. Der ermittelte Klemmengütegrad zeigt im Vergleich zu den zuvor aufgeführten Bewertungsgrößen einen weniger ausgeprägten Einfluss des Druckverhältnisses. Für eine relative Verdichterdrehzahl von $0,750 \cdot f_{A,max}$ und $1.000 \cdot f_{A,max}$ ergibt sich ein näherungsweise gleichbleibender Klemmengütegrad mit einer Abweichung von etwa $\pm$vier Prozent. Für reduzierte relative Drehzahlen ist wiederum ein erhöhter Einfluss des Verdichtungsdruckverhältnisses und der Drehzahl zu verzeichnen. Für $0,625 \cdot f_{A,max}$ ergibt sich in Abhängigkeit vom Verdichtungsdruckverhältnis eine Klemmengütegrad-Variation zu etwa $\pm$sieben Prozent. Die Klemmengütegrad-Variation für $0,187 \cdot f_{A,max}$ bzw. $0,375 \cdot f_{A,max}$ ergibt sich zu Werten von etwa ± 20 bzw. ± 15 %.

Zunächst ergibt sich durch den Wirkungsgrad des elektrischen Antriebsstranges mit einer Effizienz von 0,58 bis 0,91 (vgl. Abbildung 5.12) ein vergleichsweise sensitiver Parameter

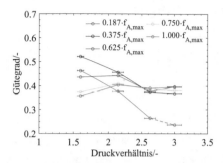

Abbildung 5.19: Klemmengütegrad in Abhängigkeit von der Relativdrehzahl und des Druckverhältnisses für die Betriebspunkte A ($\Pi = 1,60$), B ($\Pi = 2,14$), C ($\Pi = 2,62$) und
D ($\Pi = 3,00$) bei sechs Prozent OCR mit Angabe der erweiterten Standardmessunsicherheit des Druckverhältnisses für ein Konfidenzniveau von 2σ. Die Angabe
der Messunsicherheit des Gütegrades erfolgt aus Gründen der Übersichtlichkeit
in Abbildung D.2 im Anhang.

mit unmittelbarem Einfluss auf den Klemmengütegrad des Verdichters. Im Bereich mitt-
lerer und hoher Drehzahl ($\geq 0{,}625 \cdot f_{\mathrm{A,max}}$) weist das Antriebsstrangwirkungsgrad-Kennfeld
mit etwa drei Prozent tendenziell geringe Wirkungsgradänderungen und damit einen gerin-
gen Einfluss auf den Klemmengütegrad auf. Bei geringeren Drehzahlen ($< 0{,}625 \cdot f_{\mathrm{A,max}}$)
ergeben sich deutlich verringerte ($< 0{,}82$) und in Abhängigkeit von der Last schwankende
drehzahlspezifische Wirkungsgradwerte. Die Wirkungsgradänderungen betragen dabei für
$0{,}187 \cdot f_{\mathrm{A,max}}$ und $0{,}375 \cdot f_{\mathrm{A,max}}$ 13 bzw. 6 %. Bei geringen Drehzahlen ($< 0{,}625 \cdot f_{\mathrm{A,max}}$) und
hohen Druckverhältnissen (Betriebspunkt C und D) bedingt der zunehmende Leckageein-
fluss erheblich verringerte Gütegrade. Es ist anzunehmen, dass der Einfluss der Rückexpansionsverluste respektive des Zylinderfüllgrades aufgrund von Ventilspätschlüssen keinen
wesentlichen Einfluss auf den Gütegrad darstellt. Auch der Einfluss der Sauggasaufheizung
(vgl. Abbildung 5.14) scheint insbesondere bei hohen Drehzahlen wenig ausgeprägt. Eine
weiterführende quantifizierende Bewertung des Einflusses der wesentlichen identifizierten
Verlustmechanismen im Verdichter auf den Klemmengütegrad erfolgt im nächsten Kapitel 6
anhand des 0D-/1D-Verdichter-Simulationsmodells.

6 Validierung des Verdichtermodells

In diesem Kapitel erfolgt die Validierung des 0D-/1D-Simulationsmodells bzw. von Teilmodellen des 0D-/1D-Simulationsmodells nach den Modellbeschreibungen aus Kapitel 3. Die Simulation des Modells erfolgte in der Simulationsumgebung Dymola® (Version: 2014-FD01) mithilfe der Programmiersprache Modelica. Es wurde die Modelica Standard Bibliothek in der Version 3.2 verwendet. Die verwendeten Stoffdatenmodelle sind für das Kältemittel in Unterabschnitt 3.1.1 und das Kältemittel-Öl-Gemisch in Unterschabschnitt B.3 im Anhang aufgeführt. Die Stoffdaten wurden mithilfe der Simulationsbibliothek TILMedia in der Version 3.2.3 berücksichtigt. Zur Modellierung der Wärmeströme an den Teilmodellen des entwickelten Simulationsmodells sind Komponenten der Simulationsbibliothek TIL in der Version 3.2 verwendet worden.

Für eine Validierung des 0D-/1D-Simulationsmodells erfolgt eine Gegenüberstellung des Wärmeübertragungsmodells am Ventildeckel und des Reibungsmodells mit den Berechnungsergebnissen höherwertiger dreidimensionaler Strömungs- (CFD) und Mehrkörpersimulation (MKS). Weiterhin werden das Zylinder- und Ventilmodell des 0D-/1D-Simulationsmodells mit experimentellen Ergebnissen der Indiziermessungen verglichen. Für ausgewählte äußere und innere Bewertungskenngrößen, die mithilfe des 0D-/1D-Simulationsmodells ermittelt worden sind, erfolgt eine Gegenüberstellung mit den experimentell ermittelten Daten. Es werden die experimentellen Daten der Untersuchungsergebnisse nach Kapitel 5 zugrundegelegt. Die Gegenüberstellung der Simulations- bzw. experimentellen Ergebnisse wird jeweils für stationäre Betriebszustände des Verdichters durchgeführt.

6.1 Wärmeübertragungsmodell

Die Entwicklung eines vollständigen, dreidimensionalen CFD-Gesamtmodells eines Taumelscheibenverdichters unter Berücksichtigung von Wärmeübertragungsphänomenen sowie der Rotations- und Translationsdynamik resultiert in einem vergleichsweise aufwendigen und komplexen Rechenmodell mit unstrukturierten bewegten Rechengittern und erheblichem numerischem Simulationsbedarf. Für eine detaillierte Beschreibung relevanter Wärmeübertragungsphänomene unter Berücksichtigung der Triebwerksdynamik ist zumeist eine Kosimulation der CFD- und Mehrkörpersimulation notwendig [40]. Die Betrachtung von Wärmeübertragungsphänomenen im Verdichter wird im Rahmen dieser Arbeit auf Teilmodell- bzw. Komponentenebene durchgeführt. Die vorliegenden Simulationsergebnisse der Strömungssimulation berücksichtigen einen dreidimensionalen stationären Strömungszustand am Ventildeckel des vorliegenden Taumelscheibenverdichters für eine reine Kältemittelströmung. Zur Vereinfachung des CFD-Simulationsmodells wird ein mittlerer Massendurchfluss bei mittlerem Öffnungszustand des Saug- und Druckventils am Zylinder ohne Fluid-Struktur-Kopplung (FSI) berücksichtigt. Weiterhin wurde ein mittlerer Zustand der Kolbenbewegung und der Antriebswelle im Triebraum des Verdichters abgebildet.

© Springer Fachmedien Wiesbaden GmbH, ein Teil von Springer Nature 2018
M. König, *Verlustmechanismen in einem halbhermetischen PKW-CO$_2$-Axialkolbenverdichter*, AutoUni – Schriftenreihe 127,
https://doi.org/10.1007/978-3-658-23002-9_6

Abbildung 6.1 zeigt eine Gegenüberstellung der anhand einer 3D-CFD-Simulation im Vergleich zum 0D-/1D-Simulationsmodell berechneten Ergebnisse der Wärmeübertragung am Ventildeckel. Es wird der von der Druckkammer in die Saugkammer des Verdichters übertragene Wärmestrom betrachtet (vgl. Abbildung 3.3). Die anhand des 0D-/1D-Simulationsmodells erhaltenen Wärmeströme sind gegenüber denen anhand der CFD-Simulation erhaltenen Wärmeströmen dargestellt. Als Bezugsgröße für die relative Bewertung der Abweichung dient jeweils das CFD-Modell.

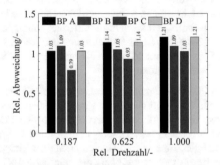

Abbildung 6.1: Vergleich der relativen Abweichung des saugseitig im Ventildeckel übertragenen Wärmestromes der Simulationsergebnisse des 0D-/1D-Simulationsmodells gegenüber einem 3D-CFD-Modell für die Betriebspunkte A ($\Pi = 1,60$), B ($\Pi = 2,14$), C ($\Pi = 2,62$) und D ($\Pi = 3,00$) in Abhängigkeit von der relativen Drehzahl

Der Vergleich der anhand des 0D-/1D-Simulationsmodells ermittelten Wärmeströme gegenüber der CFD-Simulation zeigt für alle untersuchten Betriebspunkte eine verhältnismäßig gute Übereinstimmung der ermittelten Wärmeströme. Für das 0D-/1D-Simulationsmodell ergibt sich tendenziell eine leichte Überbewertung der ermittelten Wärmeströme mit einer mittleren Betragsabweichung für alle Vergleichs-Betriebspunkte von etwa elf Prozent. Für eine zunehmende Verdichterdrehzahl ist eine ansteigende Überbewertung des am Ventildeckel übertragenen Wärmestromes für das 0D-/1D-Simulationsmodell zu verzeichnen. Weiterhin ergibt sich für Betriebspunkt C ein tendenziell unterbewerteter Wärmestrom.

Die für das 0D-/1D-Simulationsmodell verwendeten Wärmeübergangsbeziehungen nach Unterabschnitt 3.1.2 berücksichtigen ein Ersatzmodell der Wärmeübertragung in durchströmten Rohren mit Vereinfachungen anhand von Ersatzquerschnitten. Aufgrund der spezifischen Geometrie des Ventildeckels ergeben sich für die angenommene Vereinfachung des Wärmeübertragungsmodells Ungenauigkeiten in der Beschreibung des mittleren Wärmeübergangskoeffizienten für eine vollausgebildete Rohrströmung. Eine detaillierte Auswertung des Strömungsfeldes anhand der CFD-Simulation zeigt insbesondere für ein Teilvolumen der Saugkammer ausgeprägte Totwassergebiete. Der Bereich des Totwassergebietes zeichnet sich durch eine erhöhte Fluidtemperatur und eine deutlich verlangsamte Grundströmung mit verringertem Wärmetransport aus. Im realen Verdichterbetrieb ist für das identifizierte Totwassergebiet in der Saugkammer des Verdichters eine erhöhte Abscheidung von

Kältemaschinenöl zu erwarten, wodurch sich wiederum eine geänderte Strömungscharakteristik und geänderte Wärmeübergangsbeziehungen am Ventildeckel ergeben.

Für das dreidimensionale CFD-Modell ist im Vergleich zum 0D-/1D-Simulationsmodell weiterhin zu berücksichtigen, dass angrenzende Wärmeübertragungsphänomene an weiteren mechanischen Komponenten des Verdichters berücksichtigt werden. Das CFD-Modell (als sog. CHT-Modell) ermöglicht eine erweiterte Betrachtung der Wärmeübertragung zwischen:

- Ventilplatte/Kältemittel/Umgebung

- Zylinderblock/Kältemittel/Umgebung

- Ventildeckel/Kältemittel/Umgebung

- Triebraum/Kältemittel/Umgebung

Die Berücksichtigung dieser Wärmeübertragungsphänomene führt für das CFD-Modell im Vergleich zum 0D-/1D-Simulationsmodell wiederum zu veränderten Bedingungen der Wärmeübertragung am Ventildeckel des Verdichters. Auf Basis einer mit zunehmender Drehzahl steigenden Abweichung der anhand des 0D-/1D-Simulationsmodells ermittelten Wärmeströme im Vergleich zur CFD-Simulation ist zu bemerken, dass die vereinfachten Konvektionsbedingungen des 0D-/1D-Simulationsmodells insbesondere im Bereich hoher Strömungsgeschwindigkeiten mit hohen Turbulenzgraden Ungenauigkeiten aufweisen. Für Betriebspunkt C ergeben sich aufgrund des spezifischen Ansaug- und Hochdruckzustandes (Wärmepumpencharakteristik) im Vergleich zu den weiteren untersuchten Betriebspunkten aufgrund maximaler Temperaturgradienten im Verdichter vergleichsweise hohe Abweichungen. Die Unterbewertung des Wärmestromes am Ventildeckel für das 0D-/1D-Simulationsmodell im Bereich geringer ($0{,}187 \cdot f_{A,max}$) und mittlerer Verdichterdrehzahl ($0{,}625 \cdot f_{A,max}$) kann dabei wahrscheinlich auf unterschätzte Strömungsgeschwindigkeiten bei einer gleichzeitig etwas unterschätzten effektiven mittleren Temperaturdifferenz des Fluides zurückgeführt werden, und zwar zwischen der Saug- und Druckkammer.

6.2 Reibungsmodell

Aufgrund von Reibungsphänomenen an den Gleit- und Wälzkontaktpaarungen im Verdichter ergibt sich ein signifikanter Anteil der Dissipationsarbeit, der im Folgenden anhand verschiedener Simulationsansätze betrachtet wird. Der Anteil der Dissipationsarbeit aufgrund von Drosselungs- und Stoßvorgängen wird in diesem Zusammenhang nicht betrachtet. Die Mehrkörpersimulation zur Beschreibung von Reibungsphänomenen in Axialkolbenmaschinen wird unter anderem von Hashemi et al. [55] für die Anwendung bei Axialkolbenpumpen vorgeschlagen. Die Simulation kippbeweglicher Gleitlager unter Berücksichtigung von hydrodynamischen Schmierspaltphänomenen ist dabei Gegenstand aktueller Forschung. Hashemi et al. verwenden zur detaillierten Beschreibung des Gleitkontaktes zwischen der Taumelscheibe und den Gleitsteinen ein gekoppeltes Simulationsmodell der klassischen Mehrkörperdynamik und Thermo-Elastohydrodynamik (TEHD). Cho et al. [19]

sowie Duyar und Dursunkaya [32] schlagen ebenso die Anwendung der Elastohydrody-namik(EHD)-Simulation zur Beschreibung von Reibungsphänomenen am Schmierspalt von Gleitkontakten eines Kolbenverdichters vor.

Zur Validierung des entwickelten eindimensionalen Kinematik- und Reibungsmodells wur-de eine 3D-Mehrkörpersimulation (ohne EHD-Simulation) für den vorliegenden Taumel-scheibenverdichter durchgeführt. In Abschnitt 3.2 sind die für den Taumelscheibenverdich-ter auf Grundlage der Beschreibung der Verdichterkinematik beschriebenen Anteile der Dis-sipationsarbeit aufgrund von Reibung aufgeführt. Mithilfe des MKS-Modells können die wesentlichen Dissipationsverluste an den Reibpaarungen Taumelscheibe/Gleitstein (TGW'), Kolben/Gleitstein (KG) und Kolbenboden(-hemd)/Laufbuchse (EFLB/KBLB) kinematisch präzise beschrieben und dem 0D-/1D-Simulationsmodell gegenübergestellt werden. Die Lagerreibung wird im MKS-Modell im Vergleich zum 0D-/1D-Simulationsmodell über einen vereinfachten Ansatz mit konstantem Reibmoment berücksichtigt. Der Einfluss der Kolbenringe auf das mechanische Kräftegleichgewicht des Kolbens (vgl. Unterabschnitt 3.2.3) und die Kolbenringreibung (vgl. Abschnitt E.1 im Anhang) in der Laufbuchse wird im MKS-Modell nicht abgebildet.

Im MKS-Modell wird im Vergleich zum 0D/1D-Simulationsmodell hingegen das mechani-sche Spiel zwischen den Gleitsteinen und dem Kolben, das Spiel zwischen den Gleitsteinen und der Taumelscheibe, das Spiel zwischen der Kolbengabel und der Verdrehsicherung im Zylinderblock sowie das Lagerspiel im Hinblick auf Verkippungs- und Verdrehungseffek-te dreidimensional berücksichtigt. Die Kolbenverkippung an der Taumelscheibe und in der Laufbuchse ist in beiden Modellen berücksichtigt. Für eine vereinfachte Berechnung der Reibleistung der mechanischen Reibpaarungen des Verdichters wurden für beide Simula-tionsansätze jeweils konstante Reibkoeffizienten angenommen. Für den stationären Betrieb des Verdichters wird an allen Gleitkontakten von Misch- und Flüssigkeitsreibung ausge-gangen (vgl. Unterabschnitt 2.4.5). Tatsächlich sind an den Gleitkontakten des Verdichters in Abhängigkeit von den Schmierspaltbedingungen auch variierende Reibkoeffizienten zu vermuten (vgl. Unterabschnitt 2.4.5). Die Schmierspaltbedingungen können dabei eine er-hebliche Temperatur-, Last- und Gleitgeschwindigkeitsabhängigkeit besitzen [116].

Abbildung 6.2 zeigt die Gegenüberstellung der Simulationsergebnisse des 0D-/1D-Simula-tionsmodells und des MKS-Modells anhand der relativen Abweichung der Gesamttreibleis-tung und der Reibleistungsanteile. Als Bezugsgröße dient das MKS-Modell. Beide Simula-tionsansätze zeigen im Hinblick auf die Gesamttreibleistung eine sehr gute Übereinstimmung mit einer maximalen Abweichung von drei Prozent. Die Abweichungen sind im Wesent-lichen durch die unterschiedlichen Beschreibungsansätze der Reibungsverluste am Lager und der Abweichungen der Reibleistungsberechnung an den Gleitkontakten des Kolbens zu erklären. Die Gegenüberstellung der Simulationsergebnisse der Reibleistungsanteile am Kolben zeigt für alle Größen mit Ausnahme des Reibleistungsanteils der Reibpaarung Kol-ben/Laufbuchse für $0{,}187 \cdot f_{A,max}$ ebenso eine weitestgehend sehr gute Übereinstimmung mit einer maximalen relativen Abweichung von etwa fünf Prozent. Der Anteil der Reibleis-tung aufgrund des Anschlagens der Kolbengabel an der Verdrehsicherung im Zylinderblock ergibt sich für die untersuchenden Betriebspunkte anhand des MKS-Modells zu einem mitt-leren zu vernachlässigenden Anteil von etwa $0{,}6\,\%$.

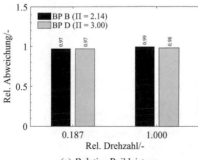

(a) Relative Reibleistung

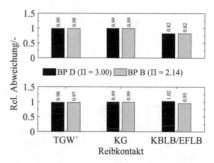

(b) Reibleistungsanteile für eine relative Drehzahl
von $0,187 \cdot f_{A,max}$ (oben) und $1,000 \cdot f_{A,max}$ (unten)

Abbildung 6.2: Vergleich der relativen Reibleistungsabweichung der Simulationsergebnisse des
0D-/1D-Simulationsmodells gegenüber einem MKS-Modell für die Betriebspunk-
te B ($\Pi = 2,14$) und D ($\Pi = 3,00$). TGW'=Reibkontakt Taumelscheibe/Gleit-
stein, KG=Reibkontakt Kolben/Gleitstein, EFLB/KBLB=Reibkontakte Kolben-
hemd/Laufbuchse und Kolbenboden/Laufbuchse.

Im Hinblick auf die Abweichungen der Simulationsergebnisse des 0D-/1D-Simulationsmo-
dells gegenüber dem MKS-Modell ist für die Reibpaarung Kolben/Laufbuchse ein maximaler Anteil zu identifizieren. Die Absolutwerte der Abweichungen der Reibleistungen am
Kolben liegen im Bereich von weniger als drei Watt. Innerhalb des 0D-/1D-Simulations-
modells ist der im realen Betrieb des Verdichters aufgrund der Spielpassung zwischen Kolben und Laufbuchse auftretende Einfluss der Kolbenverkippung auf die Reibleistung bereits
betrachtet. Im Vergleich zum MKS-Modell berücksichtigt das 0D-/1D-Simulationsmodell
jedoch infolge der Kolbenverkippung nicht den Einfluss der Kolbenverdrehung um die x-
Achse des Kolbens (vgl. Abbildung 3.7) und der damit einhergehenden Reibungsverluste
am Umfang des Kolbenhemds und des Kolbenbodens. Damit wird auch der Reibungsanteil
durch die Kolbenverdrehung um die x-Achse im Bereich der Paarungen Taumelscheibe-
Gleitstein und Kolben/Gleitstein tendenziell unterschätzt. Aufgrund der höheren Gleitge-
schwindigkeiten an der Reibpaarung Kolben/Laufbuchse ist von einem größeren relativen
Anteil der Reibungsverluste für diese Gleitpaarung bei ansteigender Drehzahl durch Kolbenverdrehung auszugehen.

Mithilfe des plausibilisierten Reibungsmodells des 0D-/1D-Simulationsmodells kann eine
Abschätzung der zu erwartenden relativen Anteile der gesamten mechanischen Reibleistung
getroffen werden. Abbildung 6.3 zeigt eine Übersicht der berechneten mittleren Reibleistungsanteile. Die Simulationsergebnisse zeigen vier Verlustbeiträge von jeweils mehr als
fünf Prozent der Reibungsverluste. Relevante Beiträge ergeben sich für das axiale Wälzlager, die Lagerung des Kolbens über Gleitsteine auf der Taumelscheibe, den Reibkontakt
zwischen dem Kolben und den Gleitsteinen sowie die Lagerung des Kolbens in der Zylinderlaufbuchse. Die Beiträge der radialen Wälzlager und der Kolbenringreibung ergeben für

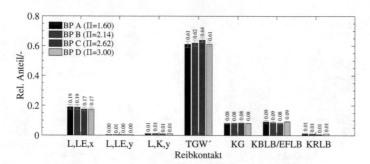

Abbildung 6.3: Reibleistungsanteile anhand des 0D-/1D-Simulationsmodells für die Betriebspunkte A, B, C und D. L,LE,x(y)=Axial-(Radial-)lager auf Leistungselektronik-Seite, L,K,y=Radiallager auf der Kolben-Seite, TGW'=Reibkontakt Taumelscheibe/Gleitstein, KG=Reibkontakt Kolben/Gleitstein, EFLB/KBLB=Reibkontakte Kolbenboden/Laufbuchse und Kolbenhemd/Laufbuchse, KRLB=Kolbenringe/Laufbuchse. Die angegebenen Anteile beschreiben jeweils einen Mittelwert für eine relative Drehzahl von $0,187 \cdot f_{A,max}$, $0,625 \cdot f_{A,max}$ und $1,000 \cdot f_{A,max}$. Es ist für jeden Betriebspunkt die Standardabweichung (1σ) der Reibleistungsanteile für die Reibleistungsanteile aller relativer Drehzahlen angegeben.

die vorliegende Verdichterkonfiguration einen vernachlässigbaren Anteil von etwa einem Prozent.

Vergleichsweise hohe Beiträge der Reibleistung ergeben sich aufgrund der hohen Kolbenkräfte in axialer Richtung. Vergleichsweise hohe Kolbenkräfte (>1 kN) führen auf Basis der konstruktiven Ausführung der Lagerung des Kolbens mithilfe von Gleitsteinen auf der Taumelscheibe zu hohen axialen Lagerkräften und Reibleistungen. Aufgrund der Neigung der Taumelscheibe mit einem konstanten Winkel von typischerweise mehr als fünf Winkelgrad ergeben sich weiterhin hohe Stützkräfte. Durch die Lagerung des Kolbens in der Laufbuchse ergeben damit sich signifikante Reibungsverlustbeiträge. Infolge der Neigung der Taumelscheibe resultiert ebenso eine vergleichsweise hohe Gleitgeschwindigkeit zwischen den Gleitsteinen relativ gegenüber der Kolbenkalotte. Wiederum zeigt dieser Zusammenhang einen signifikanten Beitrag von Reibungsverlusten.

6.3 Zylinder- und Ventilmodell

Abbildung 6.4 zeigt die Gegenüberstellung der simulativ und experimentell ermittelten Indikatordiagramme exemplarisch für die Betriebspunkte B und D jeweils für einen Zylinder des Verdichters (Zylinder 3). Generell ist für das entwickelte Zylindermodell des 0D-/1D-Simulationsmodells eine gute Übereinstimmung der charakteristischen Vorgänge des Verdichtungsprozesses anhand der Zylinderdruckverläufe festzustellen. Der Verdichtungs- und Expansionsvorgang wird anhand des Simulationsmodells mit Ausnahme minimaler

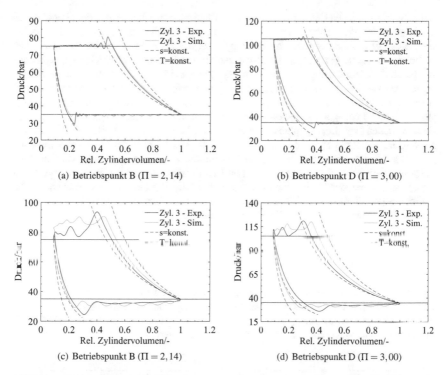

Abbildung 6.4: Vergleich der Indikatordiagramme anhand der Simulationsergebnisse des 0D-/1D-Simulationsmodells gegenüber den experimentellen Ergebnissen für Betriebspunkt B und D bei sechs Prozent OCR für $0{,}187 \cdot f_{A,max}$ (oben) und $1{,}000 \cdot f_{A,max}$ (unten)

Verdichterdrehzahl für Betriebspunkt B tendenziell stärker mit der Charakteristik einer adiabat isentropen Zustandsänderung beschrieben. Im Vergleich zu den experimentell ermittelten Druckverläufen zeigt die Simulation während des Ausschiebevorganges für das Druckventil weiterhin eine weniger ausgeprägte Schwingungsdynamik bezüglich der Schwingfrequenz und -amplitude. Für das Saugventil ergibt sich während des Ansaugvorganges für die Simulation eine ausgeprägtere Schwingscharakteristik mit höherer Schwingungsfrequenz und geringerer Amplitude. Die Überkompression und Unterexpansion vor dem ersten Öffnen des Ventils wird in der Simulation jeweils tendenziell unterschätzt. Der mittlere Druckverlust während der Ausschiebe- und der Ansaugphase wird in der Simulation jeweils hinreichend genau abgebildet.

Die anhand der Indiziermessungen am Verdichter identifizierte tendenziell isotherme Verdichtungs- und Expansionscharakteristik für ein breites Spektrum der Betriebspunkte des vorliegenden Taumelscheibenverdichters deuten – wie bereits diskutiert – möglicherweise auf einen signifikanten Beitrag von Leckage am Zylinderraum hin. Neben der identifizierten Leckage an den Ventilen und den Kolbenringen ergeben sich weiterhin aufgrund der hohen absoluten Druckdifferenzen und hohen Temperaturgradienten im Verdichter Schwierigkeiten bei der Abdichtung der Zylinder untereinander. Auch unter Berücksichtigung von hochtemperaturbeständigen angepassten Dichtungssystemen können sich für eine lange Betriebsdauer des Verdichters signifikante Spaltleckagemassenströme ergeben. Dadurch kann sich insbesonders bei hohen Verdichtungsdruckverhältnissen ein druck- und temperaturabhängiger statischer Leckagemassenstrom über die Dichtungen zwischen den einzelnen Zylindern einstellen (vgl. Leckagepfade nach Abbildung 3.2). Im Simulationsmodell ist für den Leckagemassenstrom zwischen den Zylindern eine Abschätzung der Leckagekoeffizienten getroffen worden. Als wesentliche Ursachen für die Abweichungen zwischen den Simulationsergebnissen und den experimentellen Ergebnissen anhand der Verdichtungscharakteristik sind neben der Unsicherheit in der Beschreibung der Leckagemassenströme an den Zylindern der Einfluss von Kältemaschinenöl sowie die (Standard-)Messunsicherheit der Kolben-OT-Abtastung (vgl. Tabelle 5.2) zu benennen.

Als Ursache für die Unsicherheit in der Beschreibung der Ventildynamik ist ein anhand des 0D-/1D-Simulationsmodells schwierig bewertbarer Einfluss der Rückwirkung zwischen der turbulenten Ventilströmung und der -dynamik zu berücksichtigen. Ein verbesserter Ansatz zur Beschreibung der Ventildynamik ist mithilfe der bereits diskutierten mehrdimensionalen FSI-Modelle zu erwarten. Auch der Einfluss des Kältemaschinenöls auf die Ventildynamik im Hinblick auf die Öffnungs- und Schließverzögerung kann anhand von mehrdimensionaler Mehrphasen-Strömungssimulation im Vergleich zum verwendeten 0D-/1D-Simulationsmodell phänomenologisch detaillierter untersucht werden.

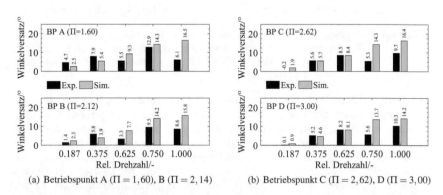

(a) Betriebspunkt A ($\Pi = 1, 60$), B ($\Pi = 2, 14$)   (b) Betriebspunkt C ($\Pi = 2, 62$), D ($\Pi = 3, 00$)

Abbildung 6.5: Vergleich des Winkelversatzes für das Schließen des Druckventils (mit Referenz Kolben-OT) aufgrund von Ventilspätschlüssen anhand der Simulationsergebnisse des 0D-/1D-Simulationsmodells gegenüber den experimentellen Ergebnissen für die Betriebspunkte A, B, C und D bei sechs Prozent OCR

Im Hinblick auf eine korrekte Beschreibung der Ventildynamik anhand des 0D-/1D-Simulationsmodells ist das Ventilspätschlussverhalten als eine weitere relevante Validierungsgröße einzubeziehen. Abbildung 6.5 zeigt für das Druckventil das anhand des 0D-/1D-Simulationsmodells im Vergleich zu den experimentellen Daten ermittelte Ventilspätschlussverhalten. Der Winkelversatz des Druckventils wurde für die Simulation im Vergleich zu den messtechnischen Untersuchungen anstelle des Zylinderdruckes direkt anhand der berechneten Ventilauslenkung bewertet. Die mittlere Betragsabweichung des Ventilspätschlussverhaltens zwischen Simulation und Experiment beträgt etwa drei Winkelgrad. Zwischen den Simulationsergebnissen und experimentellen Ergebnissen ist insbesondere für geringe Drehzahlen eine sehr gute Übereinstimmung zu beobachten. Auch die Tendenz einer zunehmenden Ventilspätschlussneigung wird anhand des Modells tendenziell korrekt abgebildet. Die maximale Abweichung zwischen Simulation und Experiment beträgt für Betriebspunkt A etwa zehn Winkelgrad. Weiterhin ist übereinstimmend für die Simulation und das Experiment ein nahezu betriebspunktunabhängiges Verhalten der Ventilspätschlusscharakteristik zu identifizieren. Die Simulationsergebnisse zeigen im Vergleich zu den experimentellen Ergebnissen abweichend einen ausgeprägt streng monoton steigenden Verlauf des Winkelversatzes für steigende Verdichterdrehzahlen.

Neben dem Einfluss von Klebeeffekten am Ventil ergibt sich aufgrund des Trägheits- und Dämpfungsanteils im Kräftegleichgewicht der Beschreibung der Ventildynamik eine Ventilspätschlussneigung. Die Spätschlussneigung des Ventils steht dabei in Abhängigkeit von der Drehzahl, jedoch nur bedingt in Abhängigkeit vom Druckverhältnis. Damit ergibt sich eine nahezu druckverhältnisunabhängige Ventilspätschlusscharakteristik. Einen weiterführenden Einfluss auf die Ventilspätschlussneigung haben die Pulsationen in der Saug- und Druckkammer des Verdichters. Sofern in der Druckkammer des Verdichters eine Drucküberhöhung im Vergleich zum Zylinderdruck während des Schließvorganges des Ventils auftritt, kann sich eine verringerte Ventilspätschlussneigung ergeben. Für den vorliegenden Verdichter ist aufgrund der Ergebnisse der Indiziermessungen insbesondere für das Druckventil ein tendenziell positiver Einfluss der Druckpulsationen in der Druckkammer auf das Ventilspätschlussverhalten (vgl. Abbildung 5.6) zu beobachten. Die Ausschiebevorgänge der Zylinder überschneiden sich dabei jeweils im Bereich der Kolben-OT-Lage. Das passiert bei tendenziell günstigen Zeitpunkten des Druckanstieges in der Druckkammer mit der Konsequenz eines verfrühten Schließens des Druckventils. Das Simulationsmodell unterschätzt die Druckänderung in den Kammern des Verdichters während des Ansaug- und Ausschiebevorganges im Zylinder tendenziell. Damit kann sich für das Simulationsmodell im Vergleich zu den Experimenten eine Überschätzung der Ventilspätschlussneigung ergeben.

Eine Gegenüberstellung der Ventilspätschlusscharakteristik zwischen Simulation und Experiment für das Saugventil ist ergänzend in Abschnitt E.2 im Anhang gezeigt. Die mittlere Betragsabweichung fällt mit etwa 18.5° deutlich höher aus als diejenige für das Druckventil. Ursächlich können hierfür im Simulationsmodell vernachlässigte spezifische Strömungsphänomene und ein überschätzter Dämpfungsparameter im Ventilmodell sein.

6.4 Bewertungskenngrößen

Nachfolgend werden die anhand der 0D-/1D-Systemsimulation gewonnen Bewertungskenngrößen des Verdichters denjenigen, die experimentell ermittelt worden sind, gegenübergestellt. Dazu werden die wesentlichen Bewertungskenngrößen Liefergrad (Stutzen), indizierter isentroper Gütegrad und der Klemmengütegrad betrachtet. Weiterhin wird der Zylinderfüllgrad bewertet. Ergänzend ist eine Gegenüberstellung des kammerbezogenen Liefergrades der Sauggasaufheizung in Abbildung E.4 und des kammerbezogenen Liefergrades in
Abbildung E.5 im Anhang dargestellt. Abbildung 6.6 zeigt die Gegenüberstellung des stutzenbezogenen Liefergrades in Abhängigkeit vom Verdichtungsdruckverhältnis für drei ausgewählte Verdichterdrehzahlen.

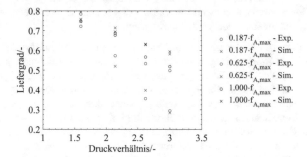

Abbildung 6.6: Vergleich des Stutzen-Liefergrades anhand der Simulationsergebnisse des 0D-/
1D-Simulationsmodells gegenüber den experimentellen Ergebnissen für die Betriebspunkte A ($\Pi = 1,60$), B ($\Pi = 2,14$), C ($\Pi = 2,62$) und D ($\Pi = 3,00$) bei
sechs Prozent OCR

Die Simulationsergebnisse zeigen im Vergleich zu den experimentellen Ergebnissen für eine
Verdichterdrehzahl von $0,625 \cdot f_{A,max}$ und $1,000 \cdot f_{A,max}$ insbesondere für Betriebspunkt A
und B eine sehr gute Übereinstimmung mit einer betragsmäßigen Abweichung von weniger
als zwei Prozent. Der Fördermassenstrom (vgl. Abbildung E.7 im Anhang) bzw. der Liefer-
grad werden für die Minimaldrehzahl des Verdichters gut abgebildet. Für eine minimale
Verdichterdrehzahl von $0,187 \cdot f_{A,max}$ ergeben sich Liefergrad-Abweichungen bis zu fünf
Prozent (Betriebspunkt B). Für die Betriebspunkte C und D ergeben sich bei steigenden
Druckverhältnissen erhöhte Liefergrad-Abweichungen von bis zu sieben Prozent.

Für geringe Drehzahlen ist zu bemerken, dass sich für vergleichsweise geringe absolute
Fördermassenströme ein sensitiver Einfluss der schwierig bewertbaren Leckageparameter
im Simulationsmodell ergibt. Damit können sich erhöhte Abweichungen des Liefergrades
ergeben. Für tendenziell erhöhte Abweichungen des Liefergrades zwischen Simulation und
Experiment bei höheren Verdichtungsverhältnissen sind wahrscheinlich im Simulationsmodell tendenziell überschätzte Fördermassenströme (vgl. Abbildung E.7 im Anhang) ursächlich. Die überhöhten Fördermassenströme lassen sich auf eine steiler simulierte Expan-

sionscharakteristik (vgl. Abschnitt 6.3) und eine damit einhergehende überschätzte Kältemittel-Füllmenge im Zylinder zurückführen.

Abbildung 6.7 zeigt weiterführend in der Gegenüberstellung zwischen Simulation und Experiment den indizierten isentropen Gütegrad.

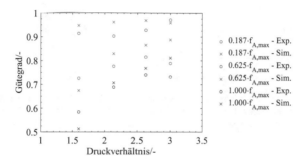

Abbildung 6.7: Vergleich des indizierten isentropen Gütegrades anhand der Simulationsergebnisse des ODu/1D Simulationsmodells gegenüber den experimentellen Ergebnissen für die Betriebspunkte A ($\Pi = 1,60$), B ($\Pi = 2,14$), C ($\Pi = 2,62$) und D ($\Pi = 3,00$) bei sechs Prozent OCR

Hierbei ist im Bereich einer Verdichterdrehzahl von $0,625 \cdot f_{A,max}$ und $1,000 \cdot f_{A,max}$ für Betriebspunkt A jeweils ein geringer bewerteter Gütegrad sowie für die Betriebspunkte B, C und D jeweils ein höher bewerteter Gütegrad für die Simulation zu verzeichnen. Für die untersuchte Minimaldrehzahl des Verdichters zeigt sich mit Ausnahme entgegengesetzter Tendenzen für die Betriebspunkte A und D dasselbe Verhalten.

Eine wesentliche Ursache für die identifizierten Tendenzen der Abweichung ergibt sich durch eine Überbewertung der indizierten Leistung innerhalb des Simulationsmodells (vgl. Abbildung E.8 im Anhang) für hohe Drehzahlen und hohe Verdichtungsdruckverhältnisse ($>0,187 \cdot f_{A,max}$, Betriebspunkte B, C und D). Die bereits diskutierte steiler simulierte Rückexpansionscharakteristik kann dafür ursächlich sein. Es ist anzunehmen, dass sich durch verhältnismäßig gering überbewertete Fördermassenströme bei gleichzeitig deutlich überbewerteter indizierter Leistung im Simulationsmodell für Betriebspunkt A tendenziell unterbewertete Gütegrade für das Simulationsmodell ergeben. Für die Minimaldrehzahl des Verdichters ergibt sich mit Ausnahme von Betriebspunkt D (sensitiver Einfluss von Leckage) bei einem sehr gut abgebildeten Zylinderfüllgrad ein tendenziell überbewerteter Gütegrad der Simulation aufgrund einer tendenziell unterbewerteten indizierten Leistung.

Abbildung 6.8 zeigt schließlich die vergleichende Bewertung des Klemmengütegrades zwischen Simulation und Experiment. Bei der Bewertung der Abweichungen zwischen Simulation und Experiment ist für den Klemmengütegrad des Verdichters für eine Drehzahl von $0,625 \cdot f_{A,max}$ und $1,000 \cdot f_{A,max}$ grundsätzlich dieselbe Tendenz der Abweichungen referenziert zum indizierten isentropen Gütegrad festzustellen. Der Klemmengütegrad wird dabei

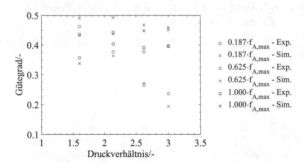

Abbildung 6.8: Vergleich des Klemmengütegrades anhand der Simulationsergebnisse des 0D-/1D-
Simulationsmodells gegenüber den experimentellen Ergebnissen für die Betriebspunkte A (Π=1,60), B ($\Pi = 2,14$), C ($\Pi = 2,62$) und D ($\Pi = 3,00$)

anhand der Simulation im Vergleich zum Experiment – insbesondere für die Betriebspunkte C und D – höher bewertet. Für die Minimaldrehzahl des Verdichters von $0{,}187 \cdot f_{A,max}$
ergeben sich nur geringfügige Abweichungen des Gütegrades bei variierendem Verdichtungsdruckverhältnis. Die Simulation des Fördermassenstromes ergibt für eine Drehzahl
von $0{,}625 \cdot f_{A,max}$ und $1{,}000 \cdot f_{A,max}$ aufgrund eines unterschätzten Einflusses von Ventilspätschlüssen überschätzte Werte (vgl. Abbildung E.7 im Anhang). Für die Simulation
resultieren dabei auch tendenziell überschätzte Gütegrade. Für die Minimaldrehzahl des
Verdichters von $0{,}187 \cdot f_{A,max}$) können sich weiterführend erhöhte Abweichungen der elektrischen Leistungsanforderung durch Unsicherheiten der Wirkungsgradkennfeld-Interpola-
tion (Leistungselektronik, E-Motor) anhand von polynomialen Beschreibungsansätzen ergeben (vgl. Abbildung 5.12 und Abbildung E.9 im Anhang).

Bei der Gegenüberstellung der Bewertungskenngrößen des Verdichters ist ergänzend zu
berücksichtigen, dass die ermittelten erweiterten Standardmessunsicherheiten der Bewertungskenngrößen (vgl. Abschnitt A.2 im Anhang) vergleichsweise hohe Werte von bis zu
zehn Prozent ergeben können. Die ermittelten Messunsicherheiten können damit im Bereich
der identifizierten Abweichungen zwischen den Simulationsergebnissen und den experimentellen Ergebnissen liegen.

7 Bewertung ausgewählter Verlustbeiträge des Verdichters

In diesem Kapitel wird abschließend erstmalig eine umfassende quantifizierende Verlustan-teilbewertung ausgewählter identifizierter Verlustbeiträge für den untersuchten elektrisch angetriebenen Taumelscheibenverdichter vorgenommen. Dazu wird jeweils das in Kapi-tel 3 beschriebene (teil-)validierte 0D-/1D-Simulationsmodell für stationäre Betriebszustän-de der Betriebspunkte nach Tabelle 5.1 angewendet.

Es werden die Verlustbeiträge infolge von elektrischen Verlusten, Reibungs-, Wärmeübertra-gungs-, Leckage- und Ventilverlusten (Strömungs- und Rückströmungsverluste am Ventil) anhand des Klemmengütegradverlustes bewertet. Der Einfluss des Strömungsdruckverlustes im Saug- und Druckbereich des Verdichters, der Druckpulsationen, der Rückexpansionsver-luste sowie der Wärmeübertragungsverluste am Zylinder und an der Ventilplatte werden aufgrund eines eingeschränkten Beitrages nicht in dieser Bewertung betrachtet. Für die Be-wertung des Klemmengütegradverlustanteils der nachfolgend untersuchten Einflussgrößen werden die Verluste jeweils unabhängig voneinander einzeln im Simulationsmodell deak-tiviert. Der Gütegradverlustanteil für den jeweils im Simulationsmodell abgeschalteten Ver-lustanteil i beträgt

$$\Delta\eta_{\mathrm{isen,Kl,V},i} = \eta_{\mathrm{isen,Kl,oV},i} - \eta_{\mathrm{isen,Kl,ref}}.$$ (7.1)

Der Gütegrad für einen abgeschalteten Verlustanteil $\eta_{\mathrm{isen,Kl,oV},i}$ wird als Differenz zum Referenz-Klemmengütegrad unter Berücksichtigung aller Verluste $\eta_{\mathrm{isen,Kl,ref}}$ ermittelt. Die fünf zu betrachtenden ausgewählten Verlustanteile des Klemmengütegrades summieren sich dabei jeweils nicht vollständig zum Differenzbetrag zwischen einem idealen Gütegrad von eins und dem Referenzgütegrad. Diese Konsequenz ergibt sich aufgrund der Betrachtung der aufgeführten Auswahl der Verlustphänomene und numerischer Phänomene. So ist beispiels-weise der Druckverlust an den Ventilen auf einen endlich geringen Wert zu begrenzen, um eine numerisch konvergierende Berechnung des Algebro-Differentialgleichungssystems des Simulationsmodells gewährleisten zu können.

7.1 Elektrische Verluste

Abbildung 7.1 zeigt den Einfluss des Verlustanteils aufgrund von elektrischen Verlusten im Antriebsstrang des Verdichters (Leistungselektronik, E-Motor). Bei einer Vernachlässi-gung der elektrischen Verluste am Verdichter ergibt sich neben der verringerten elektrischen Antriebsleistung des Verdichters bei Vernachlässigung der elektrischen Verluste ebenso ein geringerer Anteil der internen Sauggasaufheizung. Der Gütegradverlustanteil zeigt bei einer sinkenden Verdichterdrehzahl sowie bei steigendem Verdichtungsdruckverhältnis die Ten-denz eines zunehmenden Beitrags von etwa 4 bis 19 %. Für ein steigendes Druckverhält-nis ist dabei für alle Drehzahlniveaus, ausgenommen der untersuchten Minimaldrehzahl

© Springer Fachmedien Wiesbaden GmbH, ein Teil von Springer Nature 2018
M. König, *Verlustmechanismen in einem halbhermetischen*
PKW-CO$_2$-Axialkolbenverdichter, AutoUni – Schriftenreihe 127,
https://doi.org/10.1007/978-3-658-23002-9_7

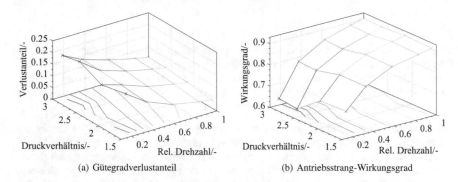

(a) Gütegradverlustanteil   (b) Antriebsstrang-Wirkungsgrad

Abbildung 7.1: Verlustanteil des Klemmengütegrades aufgrund von elektrischen Verlusten und Antriebsstrang-Wirkungsgrad anhand des 0D-/1D-Simulationsmodells für die Betriebspunkte A ($\Pi = 1,60$), B ($\Pi = 2,14$), C ($\Pi = 2,62$) und D ($\Pi = 3,00$)

des Verdichters von $0{,}187 \cdot f_{A,max}$, weiterhin jeweils ein zunehmender Verlustanteil auszu-machen. Für die Minimaldrehzahl des Verdichters ergibt sich demgegenüber ein Verlustan-teilmaximum bei Betriebspunkt B.

Das ergänzend in Abbildung 7.1 dargestellte Wirkungsgradkennfeld zeigt den korrespon-dierenden Zusammenhang eines zunehmendes Wirkungsgraden bei zunehmender Drehzahl. Die ermittelten Gütegradverluste aufgrund von elektrischen Verlusten weisen in Abhängig-keit von der Drehzahl und vom Druckverhältnis einen mit sinkendem Antriebsstrang-Wir-kungsgrad zunehmenden Anteil auf. Es ergeben sich für den Klemmengütegradverlust durch elektrische Verluste für die Maximal- im Vergleich zur Minimaldrehzahl des Verdichters Differenzen von bis zu 15 %. Die Klemmengüte- und elektrischen Wirkungsgradänderun-gen des Antriebsstranges bei mittlerer und hoher Drehzahl des Verdichters ($\geq 0{,}375 \cdot f_{A,max}$) sind für eine Variation des Verdichtungsdruckverhältnisses vergleichsweise gering ausge-prägt. Die Gütegradverluste ergeben dabei geringe Differenzen von weniger als drei Prozent. Die Gütegraddifferenzen bei Minimaldrehzahl des Verdichters ($0{,}187 \cdot f_{A,max}$) zeigen bei Variation des Verdichtungsdruckverhältnisses ebenso einen vergleichsweise geringen Bei-trag von bis zu fünf Prozent. Die identifizierte Tendenz geringer Klemmengütegradverlust-Differenzen in Abhängigkeit von der Drehmomentanforderung korrespondiert wiederum mit den geringeren Änderungen des elektrischen Wirkungsgrades und in Abhängigkeit von der Drehmomentanforderung.

Als ein möglicher Ansatz zur Verringerung von elektrischen Verlusten kann die Schaltfre-quenz der Leistungselektronik zur Vermeidung von Stromrippeln von den PWM-generierten Motor-Phasenströmen erhöht werden. Bei der Verwendung von IGBTs ergeben sich in-folgedessen jedoch wiederum stark ansteigende Schaltverluste. Eine aussichtsreiche Alter-native zu IGBTs zur Verringerung von Schaltverlusten bei hohen Schaltfrequenzen und ver-gleichsweise hohen Werten der Gleichspannungsversorgung (>200 V) können SiC (Siliciumcarbid)-MOSFETs sein. Auch können zur Verringerung der Durchlassverluste an der Leistungselektronik Nullstromschalter eingesetzt werden. Für einen geringen Beitrag der Durchlassverluste an der Leistungselektronik kann statt einer verlustbehafteten Shunt-basierten Strommessung auch eine Hall-Schalter-basierte Strommessung erfolgen. Weiterhin kann durch eine verbesserte Drehwinkelabtastung oder ein geeignetes Rotorlageprädiktormodell eine optimierte Ansteuerung des E-Motors erreicht werden.

Weiterhin ist durch die Erhöhung des Kupferfüllfaktors eine Verringerung von Stromwärmeverlusten erreichbar. Mittels einer Erhöhung des Kupferfüllfaktors kann insbesondere im Bereich geringer Drehzahl ($<0,2 \cdot f_{A,max}$) eine E-Motor-Wirkungsgradsteigerung erreicht werden. Numerische magnetostatische Simulationen für den vorliegenden E-Motor ergeben für einen erhöhten Kupferfüllfaktor um 72 % bis zu 10 % verbesserte Wirkungsgrade für eine Drehzahl von weniger als $0,308 \cdot f_{A,max}$. Weiterhin kann die Polpaaranzahl des E-Motors zur Erhöhung des elektrischen Wirkungsgrades erhöht werden. Für eine optimierte Auslegung der Motortopologie von E-Motoren in elektrischen Kältemittelverdichtern mit gesteigerter Leistungsdichte ist grundsätzlich auch der Anteil der Stromverdrängungsverluste zu berücksichtigen.

7.2 Reibungsverluste

Weiterführend wird der Anteil der Dissipationsverluste aufgrund von Reibungsphänomenen im Verdichter im Hinblick auf den Klemmengütegradverlust betrachtet. Dabei werden die Lagerverluste, der Reibkontakt zwischen Taumelscheibe und Gleitstein, der Reibkontakt zwischen Kolben und Gleitstein sowie der Reibkontakt zwischen Kolben und Zylinderlaufbuchse (Kolbenhemd, Kolbenringe, Kolbenboden) berücksichtigt (vgl. Reibungsanteile nach Abbildung 6.3). Abbildung 7.2 zeigt den Gütegradverlustanteil aufgrund von Reibung für die untersuchten Drehzahl- und Druckniveaus.

Der Gütegradverlustanteil liegt im Bereich von etwa acht Prozent für die Maximaldrehzahl des Verdichters bei gleichzeitig minimalem Verdichtungsdruckverhältnis (Betriebspunkt A). Für hohe Drehzahlen des Verdichters ($>0,625 \cdot f_{A,max}$) bei gleichzeitig maximalem Verdichtungsdruckverhältnis (Betriebspunkt D) erhöht sich der Gütegradverlustanteil auf bis zu 17 %. Wiederum ist für den Gütegradverlust für alle Drehzahlniveaus, ausgenommen der untersuchten Minimaldrehzahl des Verdichters von $0,187 \cdot f_{A,max}$, ein steigender Verlustanteil mit zunehmendem Druckverhältnis zu identifizieren. Für die Minimaldrehzahl des Verdichters ergibt sich ein Maximum des Gütegradverlustes für Betriebspunkt C. Der Gütegradverlustanteil zeigt in Abhängigkeit von der Drehzahl für ein steigendes Druckverhältnis jeweils ein Maximum bei tendenziell steigender Drehzahl.

Ergänzend zur Ausführung des Gütegradverlustanteils zeigt Abbildung 7.2 das Spektrum des mechanischen Wirkungsgrads des Verdichters (vgl. Gleichung 2.48). Mit steigenden Reibungsverlusten für ein höheres Verdichtungsdruckverhältnis ergibt sich tendenziell ein steigender Gütegradverlustanteil bei verringertem mechanischen Wirkungsgrad. Für eine

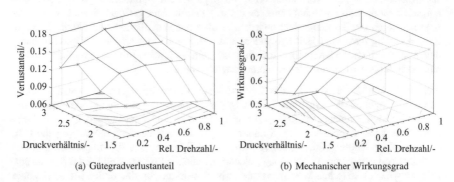

(a) Gütegradverlustanteil   (b) Mechanischer Wirkungsgrad

Abbildung 7.2: Verlustanteil des Klemmengütegrades aufgrund von Reibungsverlusten und mechanischer Wirkungsgrad anhand des 0D-/1D-Simulationsmodells für die Betriebspunkte A ($\Pi = 1,60$), B ($\Pi = 2,14$), C ($\Pi = 2,62$) und D ($\Pi = 3,00$)

steigende Verdichterdrehzahl ergeben sich steigende mechanische Wirkungsgrade. Der Gütegradverlustanteil zeigt insbesondere für Betriebspunkt A eine überstimmende entgegensetzte Tendenz eines sinkenden Verlustanteils mit zunehmendem mechanischen Wirkungsgrad. Für die weiteren Betriebspunkte B, C und D zeigt der Gütegradverlustanteil für mittlere bis hohe Drehzahlen (>$0,625 \cdot f_{A,max}$) ebenso leicht abnehmende Gütegradverlustanteile mit zunehmendem mechanischen Wirkungsgrad. Für die weiteren untersuchten niedrigeren Verdichterdrehzahlen ergibt sich eine entgegengesetzte Tendenz. Für niedrige Drehzahlen ist im Vergleich zu mittleren bis hohen Drehzahlen von einem verringerten Beitrag der Reibungsverluste am Klemmengütegradverlust auszugehen. Die aufgezeigte Tendenz eines abnehmenden Gütegradverlustanteils bei gleichzeitig sinkendem mechanischem Wirkungsgrad ist wahrscheinlich aufgrund der vergleichsweise unsicheren Beschreibung der Bewertungskenngröße des Klemmengütegrades bei hohen überlagerten Leckageverlusten für geringe Drehzahlen zu begründen (vgl. Abschnitt 6.4).

Zur Reduzierung von Reibungsverlusten für einen Taumelscheibenverdichter kann anhand der hohen identifizierten Beiträge der mechanischen Verluste durch Reibung am Gleitkontakt zwischen Taumelscheibe und Gleitstein sowie zwischen Kolben und Zylinderlaufbuchse eine abweichende geometrische Konfiguration von Zylinderanzahl, Teilkreisdurchmesser der Taumelscheibe und Bohrung-/Hub-Verhältnis der Zylinder (Neigungswinkel der Taumelscheibe) infrage kommen. Weiterhin kann aufgrund der Wahl eines Öls einer geringeren Viskositätsklasse ein verringerter Beitrag der Reibungsverluste an den Lagerstellen erreicht werden. Auch ist für den Gleitkontakt zwischen der Taumelscheibe und den Gleitsteinen sowie dem Kolben und der Zylinderlaufbuchse über die Wahl der Bauteil-Beschichtung eine Reibungsreduktion möglich. Schließlich kann zur Reibungsminimierung statt einer Gleitlagerung der Kolben auf der Taumelscheibe eine reibungsärmere Wälzlagerung vorgeschlagen werden.

7.3 Wärmeübertragungsverluste

Abbildung 7.3 zeigt den Anteil des Gütegradverlustes infolge von Wärmeübertragungsverlusten zwischen der Druck- und Saugkammer am Ventildeckel des Verdichters (vgl. Wärmestrom nach Abbildung 3.3). Weitere Wärmeübertragungsphänomene im Bereich des Zylin-

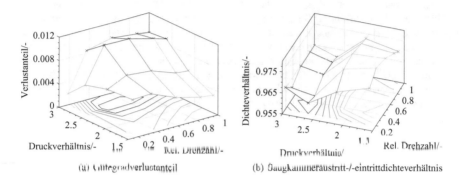

(a) Gütegradverlustanteil

(b) Saugkammeraustritt-/-eintrittdichteverhältnis

Abbildung 7.3: Verlustanteil des Klemmengütegrades aufgrund von Wärmeübertragungsverlusten und Saugkammer-Dichterverhältnis anhand des 0D-/1D-Simulationsmodells für die Betriebspunkte A ($\Pi = 1,60$), B ($\Pi = 2,14$), C ($\Pi = 2,62$) und D ($\Pi = 3,00$)

ders und die interne Sauggasführung werden bei der Betrachtung nicht berücksichtigt. Im Vergleich zu den Gütegradverlusten aufgrund von elektrischen Verlusten und Reibungsverlusten ist anhand des Verlustanteils durch Wärmeübertragung am Ventildeckel ein verhältnismäßig geringer Beitrag von etwa 0,2 % bis 1,1 % feststellbar. Für Betriebspunkt C ist im Mittel ein maximaler Gütegradverlustanteil von etwa einem Prozent zu identifizieren. Für Betriebspunkt A ergibt sich im Mittel ein minimaler Gütegradverlustanteil von etwa 0,4 %. Für Betriebspunkt A ergibt sich in Abhängigkeit von der Drehzahl eine leicht abweichende Verlustanteilcharakteristik im Vergleich zu den weiteren untersuchten Betriebspunkten für die Minimaldrehzahl des Verdichters bei $0,187 \cdot f_{A,max}$.

Ergänzend zur Betrachtung der Wärmeübertragungsverluste im Hinblick auf den Gütegradverlustanteil ist in Abbildung 7.3 für alle untersuchten Betriebspunkte auch das Stoffdichteverhältnis zwischen der Dichte des Kältemittels am Austritt der Saugkammer gegenüber dem Eintrittszustand der Saugkammer dargestellt. Aufgrund von geringen Strömungsdruckverlusten in der Saugkammer ist eine Dichteänderung infolge von Druckverlusten zu vernachlässigen. Für Betriebspunkt C ist ein vergleichsweise geringes Dichteverhältnis und damit ein maximaler Beitrag der Sauggasaufheizung festzustellen. Infolge einer niedrigen Ansaugtemperatur des Kältemittels von etwa 10 °C (im Vergleich zu etwa 19 °C für Betriebspunkt A und 25 °C für die Betriebspunkte B und D) am Saugstutzen des Verdichters bei gleichzeitig hoher Strömungsgeschwindigkeit im Bereich des Ventildeckels resultiert ein vergleichsweise hoher Beitrag der Wärmeübertragung am Ventildeckel.

In Abhängigkeit vom Druckverhältnis kann eine entgegengesetzte Tendenz des Gütegradverlustanteils und des Saugkammeraus- und -eintrittsdichteverhältnisses verzeichnet werden. Damit ist von einem dominierenden Anteil der Fördermassenstromänderung aufgrund von Sauggasaufheizung auszugehen. Für die Minimaldrehzahl des Verdichters von $0{,}187 \cdot f_{A,\mathrm{max}}$ sowie in Abhängigkeit von der Verdichterdrehzahl ergeben sich wiederum in Teilen gleichläufige Tendenzen des Gütegradverlustanteils und des relativen Dichteverhältnisses. Die relative Änderung der aufgeführten Größen ist dabei verhältnismäßig gering ausgeprägt. Es ist für die aufgeführten Bereiche von einem ansteigenden Einfluss der Änderung der effektiven Antriebsleistung im Verhältnis zur Fördermassenstromänderung aufgrund von Wärmeübertragungsverlusten auszugehen. Der verhältnismäßig geringe Anteil der Wärmeübertragungsverluste kann für zukünftige Verdichtergenerationen bei Verwendung von Materialien mit weniger ausgeprägten Wärmeleiteigenschaften reduziert werden. Weiterhin können geeignete Bauteilbeschichtungen und eine geänderte Sauggasführung zur Vermeidung von Wärmeübertragungsverlusten im Verdichter beitragen.

7.4 Leckageverluste

Ein weiterer anhand der Simulation bewertbarer Verlustanteil ergibt sich durch die identifizierten statischen Leckageverluste an Ventilen und Dichtstellen sowie durch die dynamischen Leckageverluste an den Kolbenringen. Abbildung 7.4 zeigt den Zusammenhang der

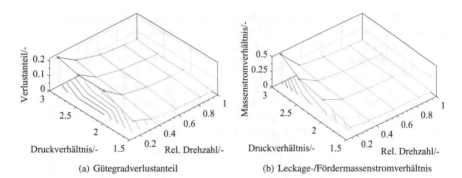

(a) Gütegradverlustanteil   (b) Leckage-/Fördermassenstromverhältnis

Abbildung 7.4: Verlustanteil des Klemmengütegrades aufgrund von Leckageverlusten und Leckage- zu Fördermassenstromverhältnis anhand des 0D-/1D-Simulationsmodells für die Betriebspunkte A ($\Pi = 1{,}60$), B ($\Pi = 2{,}14$), C ($\Pi = 2{,}62$) und D ($\Pi = 3{,}00$)

Leckageverluste in Abhängigkeit vom Verdichtungsdruckverhältnis und von der Verdichterdrehzahl. Für die Entwicklung des Gütegradverlustanteils ergibt sich ein Zusammenhang analog der elektrischen Verluste. Hierbei ist übereinstimmend in Abhängigkeit von einer sinkender Verdichterdrehzahl und von einem steigenden Verdichtungsdruckverhältnis ein steigender Gütegradverlustanteil von 0,4 % bis 19,8 % zu bestimmen. Die Betrachtung des

Leckageverlustanteils zeigt unter Berücksichtigung der vorliegenden Verdichterkonfiguration im Vergleich zu den bisher betrachteten Einflussgrößen des Verlustanteils insbesondere für eine geringe Verdichterdrehzahl $<0{,}625 \cdot f_{A,max}$ einen hohen Beitrag. Ergänzend ist auch das Massenstromverhältnis der Summe jeglicher Leckagemassenströme zum Gesamtfördermassenstrom des Verdichters in Abbildung 7.4 angegeben. Die Gegenüberstellung beider Betrachtungsansätze zeigt eine gleichläufige Tendenz. Das Massenstromverhältnis zeigt für Betriebspunkt D bei $0{,}187 \cdot f_{A,max}$ einen verhältnismäßig hohen Beitrag von bis zu 47 %.

Eine wesentliche Ursache für den zunehmenden Verlustanteil aufgrund von Leckage in Abhängigkeit von der Drehzahl ergibt sich durch einen näherungsweise drehzahlunabhängigen absoluten Beitrag der Kältemittel-Leckage. Bei einem näherungsweise gleichen Absolutbetrag des Leckagemassenstromes aufgrund von Undichtigkeiten an den Zylindern können sich bei geringen Druckverhältnissen (Betriebspunkt A und B) unter Berücksichtigung der Maximaldrehzahl des Verdichters $1{,}000 \cdot f_{A,max}$ bei hohen Fördermassenströmen vernachlässigbare Klemmengütegradverluste von weniger als zwei Prozent ergeben. Für dieselben Druckverhältnisse ergeben sich für die Minimaldrehzahl des Verdichters $(0{,}187 \cdot f_{A,max})$ und geringe Fördermassenströme hingegen erhebliche Verlustanteile von bis zu 19 %. Für ein steigendes Druckverhältnis ergeben die Leckageverluste aufgrund der höheren absoluten Druckdifferenz auch für die Maximalverdichterdrehzahl einen Beitrag von vier Prozent.

Insbesondere bei der Verwendung von CO_2 als Kältemittel ist im Hinblick auf die intern und am Gehäuse des Verdichters an die Umgebung auftretenden Leckageverluste auf die Konstruktion ein besonderes Augenmerk zu richten. Der für den vorliegenden Verdichter identifizierte vergleichsweise hohe Anteil der Leckage resultiert aufgrund eines ungünstigen Dichtflächen-/Volumina-Verhältnisses bei gleichzeitig hohen absoluten Druckdifferenzen. Eine besondere Schwierigkeit ergibt sich bezüglich der dynamischen Abdichtung der Ventile und Kolbenringe. Weiterhin sind eine mögliche statische Leckage außerhalb des Zylinders zwischen der Druck- und Saugkammer, zwischen der Druckkammer und dem Triebraum sowie der Zylinder untereinander gesondert konstruktiv zu betrachten. Für die Ventile stehen für eine energetisch optimale Auslegung eine geringe Oberflächenrauigkeit bei besseren Dichtungseigenschaften und eine hohe Oberflächenrauigkeit bei zugleich steigender Gefahr von Ventilspätschlusseffekten in einem konträren Zusammenhang. Für die Auslegung der Kolbenringe ist im Hinblick auf die Gesamteffizienz des Verdichters stets zwischen einer vergleichsweise hohen und geringen Kolbenringvorspannkraft abzuwägen. Mit einer steigenden Kolbenringvorspannkraft ist ein geringerer Anteil von Leckageverlusten und ein steigender Anteil von Reibungsverlusten zu erwarten. Für eine sinkende Kolbenringvorspannkraft ist aufgrund einer möglicherweise zu geringen Vorspannkraft der Kolbenringe an der Zylinderlaufbuchse von einem steigenden Leckageanteil und sinkenden Reibungsverlusten auszugehen.

7.5 Ventilverluste

Abschließend wird der Anteil der Ventilverluste aufgrund von Strömungs- und Rückströmungsverlusten durch Ventilspätschlusseffekte untersucht. Abbildung 7.5 zeigt eine Gegen-

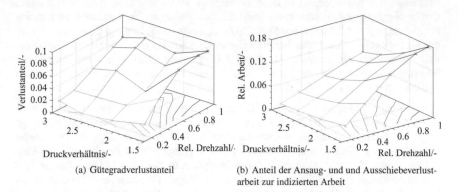

(a) Gütegradverlustanteil   (b) Anteil der Ansaug- und und Ausschiebeverlust-
                                             arbeit zur indizierten Arbeit

Abbildung 7.5: Verlustanteil des Klemmengütegrades aufgrund von Ventilverlusten und Massenstromverhältnis anhand des 0D-/1D-Simulationsmodells für die Betriebspunkte
A ($\Pi = 1,60$), B ($\Pi = 2,14$), C ($\Pi = 2,62$) und D ($\Pi = 3,00$)

überstellung des Gütegradverlustanteils in Abhängigkeit vom Druckverhältnis und von der
Drehzahl. Weiterhin ist der relative Anteil der Mehrarbeit durch Ansaug- und Ausschiebearbeit gegenüber der indizierten Arbeit unter Berücksichtigung der Ansaug- und Ausschiebearbeit in Abbildung 7.5 angegeben. Der Gütegradverlustanteil zeigt entgegen des zuvor beschriebenen Leckageverlustes eine entgegengesetzte Tendenz zunehmenden Verlustanteils
mit sinkendem Druckverhältnis und steigender Verdichterdrehzahl von 0,5 bis 8,5 %. Übereinstimmend zeigt auch der relative Anteil der Ansaug- und Ausschiebeverluste diese Tendenz. Für Betriebspunkt C ist eine davon leicht abweichende Tendenz mit erhöhten Klem-
mengütegrad-Verlustanteilen zu verzeichnen.

Für alle untersuchten Druckverhältnisse ergibt sich in Abhängigkeit von der Drehzahl eine
maximale Klemmengütegradabweichung von etwa sechs Prozent. Für ein höheres Druckverhältnis ergibt sich aufgrund geringerer Fördermassenströme (vgl. Abbildung E.7 im Anhang) bei gleichzeitig verringerten Drosselverlusten tendenziell ein zunehmend geringerer Anteil der Gütegrad- und Arbeitsanteilverluste. Für Betriebspunkt C ergeben sich unter
Berücksichtigung der Charakteristik eines Wärmepumpen-Betriebspunktes vergleichsweise
hohe Massenströme mit erhöhtem Anteil der Drosselverluste durch einen hohen Fördermassenstrom. Der Einfluss der Änderung der Antriebsleistung im Vergleich zum Fördermassenstrom auf den Gütegradverlust durch Ventilverluste ist mit untergeordnetem Einfluss
zu bewerten.

Für das untersuchte maximale Druckverhältnis von $\Pi = 3,00$ (Betriebspunkt D) bei Minimaldrehzahl des Verdichters ist ein Anstieg des Ventilverlustanteils um etwa ein Prozent im
Vergleich zu einem Druckverhältnis von $\Pi = 2,62$ (Betriebspunkt C) zu verzeichnen. Diese
Änderung lässt sich wahrscheinlich auf einen verhältnismäßig höheren Fördermassenstrom
bei gleichzeitig verringerter Antriebsleistung zurückführen. Für eine steigende Verdichterdrehzahl ergibt sich eine überlagerte zunehmende Tendenz von Ventilspätschlüssen. Für

ein steigendes Druckverhältnis konnte keine signifikante Tendenz von veränderten Ventil-spätschlusseffekten nachgewiesen werden (vgl. Abbildung 6.5).

Eine Vergrößerung des Ventilquerschnittes zur Reduzierung von Strömungsverlusten kann in Bezug auf die Verdichtereffizienz durch Erhöhung des Ventilbohrungsdurchmessers sowie durch Erhöhung der Maximalauslenkung des Ventils erreicht werden. Diesen Maßnahmen zur Vermeidung von Ansaug- und Ausschiebearbeiten stehen jedoch verschiedene Nachteile in Bezug auf andere Verlustanteile im Verdichter gegenüber. Nach Abbildung 3.4 ergibt sich für das Druckventil bei steigendem Druckbohrungsdurchmesser konstruktionsbedingt ein zunehmender Schadraumanteil im Zylinder, wodurch sich zunehmende Rückexpansionsverluste und eine Verringerung des Zylinderfüllgrades ergeben können. Für das Saugventil ergibt sich hingegen bei Erhöhung des Bohrungsdurchmessers aufgrund der Montage der Lamelle auf der zylinderzugewandten Seite kein signifikanter Schadraumzuwachs. Bei Vergrößerung des Ventilbohrungsdurchmessers ist weiterhin zu berücksichtigen, dass sich aufgrund der höheren effektiven Differenzdruck-Wirkfläche höhere Werte der Druckkräfte ergeben können. Damit können sich höhere Aufschlaggeschwindigkeiten der Lamelle am Niederhalter und an der Ventilplatte ergeben, die sich lebensdauerreduzierend auf das Ventil auswirken können [21, 12]. Demgegenüber kann sich jedoch aufgrund der vergrößerten Druck-Wirkfläche eine verbesserte Ventildynamik durch höhere Druckkräfte ergeben. Ein geeigneter Ansatz zur Verringerung der Strömungsverluste bei gleichzeitiger Optimierung der Dynamik am Ventil kann durch eine geeignete geometrische Gestaltung der Bohrungs-geometrie anhand von Kantenabschrägung oder -abrundung erfolgen (vgl. [138, 12]).

Eine Steigerung der maximalen Ventilauslenkung zur Vermeidung von Strömungsverlusten kann aufgrund einer verzögerten Schließdynamik zu steigenden Ventilspätschlusseffekten und wiederum zu höheren Aufschlaggeschwindigkeiten führen. Als eine geeignete Maß-nahme zur Vermeidung von ausgeprägten Ventilspätschlüssen für das Druckventil kann eine konstruktive Ausführung analog zum Saugventil mit geringerer Anlagefläche der Lamelle am Niederhalter und geringerer Klebneigung in Anwesenheit von Kältemaschinenöl infrage kommen.

7.6 Gegenüberstellung ausgewählter relativer Verlustanteile

Abbildung 7.6 zeigt eine Übersicht des betriebspunktabhängigen relativen Klemmengüte-gradverlustes. Der Klemmengütegradverlust ist jeweils für jeden untersuchten Verlustmecha-nismus als relativer Anteil des identifizierten Gesamtklemmengütegradverlustes dargestellt. Für die unterschiedlichen Betriebspunkte ergeben sich in Abhängigkeit von der Verdichter-drehzahl stets vergleichbare Tendenzen der relativen Verlustanteile. Die elektrischen Ver-luste, Reibungs-, Leckage- und Ventilverluste weisen für die untersuchte Betriebspunktma-trix jeweils relevante Anteile von in der Verdichterauslegung und -bewertung zu betrachten-den Verlustbeiträgen auf.

Für den elektrischen Verlustanteil ergeben sich Beiträge von etwa 17 bis 45 %. Für eine steigende Verdichterdrehzahl ergeben sich dabei sinkende Anteile ohne wesentlichen Ein-fluss des Druckverhältnisses. Die Reibungsverluste zeigen ebenso nahezu druckverhältnisun-

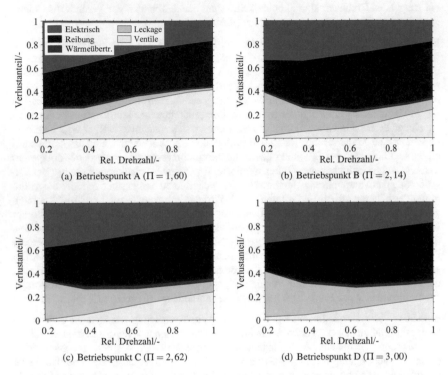

Abbildung 7.6: Relative Verlustanteile des Klemmengütegrades unter Berücksichtigung aller untersuchten Verlustanteile anhand des 0D-/1D-Simulationsmodells. Wärmeübertr.=Wärmeübertragung zwischen Druck- und Saugkammer.

abhängig für eine zunehmende Verdichterdrehzahl einen ansteigenden Anteil von etwa 23 bis 48 %. Die Wärmeübertragungsverluste besitzen einen näherungsweise drehzahl- und betriebspunktunabhängigen geringen Anteil von etwa 1 bis 3 %. Die Leckageverluste zeigen eine ausgeprägte Drehzahlabhängigkeit mit zunehmendem Anteil bei sinkender Drehzahl. Für die Minimaldrehzahl des Verdichters von $0{,}187 \cdot f_{A,max}$ ergibt sich ein Anteil von bis zu 39 % der Leckageverluste. Für die Maximaldrehzahl des Verdichters von $1{,}000 \cdot f_{A,max}$ zeigen die Leckageverluste dagegen einen Anteil von maximal 2 %. Die Leckageverluste zeigen dabei für ein steigendes Druckverhältnis einen zunehmend höheren Beitrag. Mit steigendem Druckverhältnis ergeben sich tendenziell steigende Leckageanteile. Für die Ventilverluste ergibt sich mit ansteigender Drehzahl ein zunehmender Anteil von 1 bis 41 %. Ansteigende Druckverhältnisse zeigen dabei aufgrund des geringeren Fördermassenstromes verringerte Anteile der Ventilverluste.

8 Zusammenfassung und Ausblick

In der vorliegenden Arbeit wurde eine simulative und experimentelle Bewertung von Verlustmechanismen in einem halbhermetischen, elektrisch angetriebenen CO_2-Pkw-Axialkolbenverdichter in Taumelscheibenbauweise durchgeführt. Auf der Grundlage theoretischer Ansätze wurde zunächst eine Identifikation und eine qualitative Beschreibung von Verlustmechanismen vorgenommen. Für eine Quantifizierung von Verlustbeitragsgrößen in einem elektrisch angetriebenen Taumelscheibenverdichter wurde – basierend auf einem physikalisch motivierten, vollständigen null- bzw. eindimensionalen (0D-/1D-) Simulationsmodell – ein mathematischer Beschreibungsansatz entwickelt. Dabei werden thermodynamische, mechanische und strömungsmechanische Phänomene betrachtet.

Im Vergleich zu bestehenden Arbeiten konnten Leistungs- und damit auch Sauggasaufheizungsverluste durch elektrische Verluste innerhalb des elektrischen Antriebbstranges beschrieben werden. Weiterhin sind Phänomene der Sauggasaufheizung durch Wärmeübertragung zwischen Druck- und Sauggas an einer komplexen Geometrie des Ventildeckels des Verdichters in einem Verdichter-Gesamtmodell eindimensional abgebildet worden. Die Beschreibungsansätze berücksichtigen dabei geeignete Ersatzgrößen der Wärmeübertragung bei turbulenter Rohrströmung an nicht trivialen Geometrien der Saug- und Druckkammer. Der Einfluss von Reibungsverlusten wurde anhand spezifischer Zusammenhänge der Gleitstein- und Kolbendynamik mit Betrachtung von Verkippungsphänomenen behandelt. Auch weist der entwickelte Modellierungsansatz erstmalig eine numerisch effiziente temperatur- und druckabhängige Beschreibung der Lagerreibung für Kältemittel-Öl-Gemische in einem Verdichter-Gesamtmodell auf. Es sind weiterhin in Abgrenzung zu bekannten Modellierungsansätzen relevante Einflüsse aufgrund der endlichen Steifigkeit des Ventil-Niederhalters sowie Einflüsse von Ölkleben auf die Ventildynamik erstmalig in einem Verdichter-Gesamtmodell einbezogen worden. Eine Validierung des Teilmodells der Sauggasaufheizung durch Wärmeübertragung im Ventildeckel wurde anhand eines höherwertigen Simulationsmodells der numerischen Strömungssimulation durchgeführt. Die Validierung des Teilmodells der Verdichterkinematik bzw. der Beschreibung der Reibungsverluste erfolgte anhand eines höherwertigen Modells der Mehrkörpersimulation.

Zur Identifikation und Bewertung der Verlustgrößen in einem halbhermetischen Taumelscheibenverdichter sind neben den aufgeführten modellbasierten Untersuchungsansätzen auch neuartige experimentelle Untersuchungsmethoden in dieser Arbeit entwickelt und angewendet worden. Für eine detaillierte Untersuchung des Verdichtungsprozesses ist ein Verfahren zur hochfrequenten Zylinderdruckmessung (Indiziermessung) für alle Zylinder entwickelt worden. Dies geschah durch Korrelation der Kolben-OT-Lage mit dem Antriebswellenwinkel anhand von motorintegrierten Hall-Schaltern. Auch wurden zur Bewertung der Sauggasaufheizung die Abwärmeverluste der Antriebsstrang-Komponenten unter dynamischen Lastbedingungen charakterisiert. Die experimentellen Untersuchungen wurden zur erweiterten Analyse von Verlustmechanismen sowie der Validierung und Kalibrierung des entwickelten Simulationsmodells durchgeführt. Für die Simulationsergebnisse konnte

© Springer Fachmedien Wiesbaden GmbH, ein Teil von Springer Nature 2018
M. König, *Verlustmechanismen in einem halbhermetischen
PKW-CO_2-Axialkolbenverdichter*, AutoUni – Schriftenreihe 127,
https://doi.org/10.1007/978-3-658-23002-9_8

im Vergleich zu den experimentellen Daten der Indizier- und Leistungsmessungen eine sehr gute Übereinstimmung nachgewiesen werden. Auf Basis des validierten Simulationsmodells konnte erstmalig eine quantitative Bewertung ausgewählter wesentlicher Verlustbeitragsgrößen der elektrischen Verluste, Reibungs-, Wärmeübertragungs-, Leckage- und Ventilverluste vorgenommen werden. Dies erfolgte jeweils spezifisch für die Verlustanteile anhand der äußeren Verdichter-Bewertungsgröße des Klemmengütegrades.

Die Umwandlungsverluste im elektrischen Antriebsstrang ergaben einen relativen Anteil von etwa 17 bis 45 % an den Gesamtverlusten. Die Klemmengütegradverluste zeigen dabei für sinkende Verdichterdrehzahlen steigende Werte. Einen entscheidenden Einfluss auf die Verluste im elektrischen Antriebsstrang haben die Architektur der Leistungselektronik und die Topologie des E-Motors. Die Verwendung von SiC-MOSFETs für die Leistungselektronik und die Verwendung von E-Motoren mit hohem Kupferfüllfaktor können als aussichtsreiche, verbesserte Ansätze im Vergleich zu bestehenden Systemen bewertet werden.

Der relative Anteil der Reibungsverluste im Verdichter ist zu etwa 23 bis 48 % identifiziert worden. Für steigende Druckverhältnisse und Drehzahlen ergeben sich infolge hoher Kolbenkräfte an der Taumelscheibe, in den Zylinderlaufbuchsen und den Lagern des Verdichters tendenziell steigende relative Verlustanteile durch Reibung. Zur Reduzierung von Reibungsverlusten kommen veränderte geometrische Zylinderkonfigurationen, alternative Lagerungskonzepte der Antriebswelle und optimierte Beschichtungen an den Gleitkontakten infrage.

Die Verluste aufgrund von Wärmeübertragung zwischen druck- und sauggasseitig strömendem Kältemittel im Ventildeckel des Verdichters konnten zu einem vergleichsweise geringen betriebspunktunabhängigen Anteil von etwa 1 bis 3 % ermittelt werden. Bei Verwendung geeigneter Werkstoffe mit geringer Wärmeleitfähigkeit in kritischen Bereichen der Wärmeübertragung im Ventildeckel ist von verringerten Sauggasaufheizungsverlusten auszugehen. Auch durch eine geänderte Sauggasführung können die Sauggasaufheizungsverluste reduziert werden.

Eine Betrachtung der am Verdichter auftretenden Leckageverluste zeigt einen Beitrag von etwa 2 bis 39 % mit steigenden Verlustanteilen für steigende Druckverhältnisse und sinkende Drehzahlen. Eine wesentliche Herausforderung bei der Entwicklung von halbhermetischen CO_2-Verdichtern ergibt sich aufgrund von Leckageverlusten an statischen und dynamischen Dichtstellen im Verdichter. Bei der Verwendung des Kältemittels CO_2 treten dabei hohe Druckdifferenzen an den Dichtstellen auf. Die Bewertung der Leckageverluste an statischen Dichtstellen, an Kolbenringen und an selbsttätigen Lamellenventilen des Verdichters erfordert eine hohe Aufmerksamkeit im Hinblick auf die Verdichterkonstruktion. Zur Verringerung der Leckageverluste an den Kolbenringen kann eine Anpassung der Vorspannkraft, Materialauswahl und Anzahl der Kolbenringe erfolgen. Die Reduzierung von statischen Leckageverlusten und Leckage an Lamellenventilen kann durch verschiedene Ansätze erreicht werden. Mittels einer Oberflächenoptimierung und einer Erhöhung der Flächenpressung an den mechanischen Dichtflächen ist eine verbesserte Dichtwirkung zu erwarten.

Aufgrund von Ventilverlusten durch Strömungs- und Spätschlusseffekte selbsttätiger Lamellenventile konnte anhand des Simulationsmodells für den vorliegenden Verdichter ein stark variierender Klemmengütegradverlust von etwa 1 bis 41 % ausgemacht werden. Für Betriebspunkte mit steigenden Drehzahlen und sinkenden Verdichtungsdruckverhältnissen ergibt sich ein steigender Verlustanteil. Bei der Modellierung der Dynamik von selbsttätigen Ventilen ergeben sich auch unter Berücksichtigung der Ventillamellen-Niederhalterinteraktion und der Ölklebekräfte Schwierigkeiten bei der eindimensionalen Beschreibung der Ventildynamik. Eine besondere Herausforderung liegt in der Bestimmung geeigneter Ersatzparameter eines eindimensionalen Ventilmodells für Feder-Masse-Schwinger. Eine erhöhte Genauigkeit der Ventildynamik-Simulation im Vergleich zum verwendeten Ansatz ist mithilfe eines gekoppelten mehrdimensionalen Modells der Fluid- und Struktur-Simulation zu erwarten.

Literaturverzeichnis

[1]   AARLIEN, R.; BIRNDT, R.; BOCK, W.; BROESBY-OLSEN, F.; FLACKE, N.; GEN-
      TNER, H.; GROHMANN, S.; HEIDE, R.; JOERGENSEN, S. H.; KAISER, H.; KLÖCK-
      ER, K.; KÖHLER, J.; KRAUS, W. E.; LEMKE, N. C.; NEKSA, P.; PETTERSEN, J.;
      RIEBERER, R.; SCHAFFRANIETZ, U.; SCHENK, J.; SCHMIDT, E. L.; SONNEKALB,
      M.; SPAN, R.; THIESSEN, H.; WALTER, C.; WOBST, E.: *Kohlendioxid - Besonder-
      heiten und Einsatzchancen als Kältemittel*. Deutscher Kälte- und Klimatechnischer
      Verein e.V. (DKV), 1998

[2]   ADAC E.V.: *ADAC Position zum neuen Kältemittel R1234yf für Klimaanlagen in
      Kraftfahrzeugen*. https://www.adac.de. Version: 25. November 2016

[3]   AFJEI, T.; SUTER, P.: A simulation Model for Inverter-Driven Scroll Compressors.
      Graz, Österreich: 3rd International Workshop on Research Activities On Advanced
      Heat Pumps, 1990

[4]   ALFRED BÖGE: *Handbuch Maschinenbau – Grundlagen und Anwendungen der
      Maschinenbau-Technik*. Springer Vieweg, 2013

[5]   APREA, Ciro; MAIORINO, Angelo: An experimental evaluation of the transcritical
      CO_2 refrigerator performances using an internal heat exchanger. In: *International
      Journal of Refrigeration* 31 (2008), Nr. 6, S. 1006 – 1011

[6]   BAUMER GMBH: *Produktdatenblatt elektronische Drucktransmitter PDRx*.
      http://www.baumer.com/fileadmin/user_upload/international/
      Services/Download/Datenblaetter/PI/A1_Electronic_Pressure/Baumer_
      PDRx_DS_DE_1304.pdf. Version: 14. November 2016

[7]   BAUMGART, Rico: *Reduzierung des Kraftstoffverbrauches durch Optimierung von
      Pkw-Klimaanlagen*, Technische Universitäet Chemnitz erschienen in Verlag wissen-
      schaftliches Arbeiten, Diss., 2010

[8]   BEBBER, David T.: *PVD-Schichten in Verdrängereinheiter zur Verschleiß- und
      Reibungsminimierung bei Betrieb mit synthetischen Estern*, Rheinisch-Westfälische
      Technisch Hochschule Aachen erschienen im Shaker Verlag, Diss., 2003

[9]   BOCKHOLT, Marcos: *Dynamische Optimierung von mobilen CO_2-Klimaanlagen
      mit innovativen Komponenten*, Technische Universität Carolo-Wilhelmina zu Braun-
      schweig erschienen in Fortschritt-Berichte des VDI Reihe 6, Energietechnik, Nr. 587,
      Diss., 2009

[10] BOSTANCI, Emine: *Performance Analysis of Brushless DC Machines with Axially
      Displaceable Rotor*, Gottfried Wilhelm Leibniz Universität Hannover erschienen in
      AutoUni – Schriftenreihe, Diss., 2014

© Springer Fachmedien Wiesbaden GmbH, ein Teil von Springer Nature 2018
M. König, *Verlustmechanismen in einem halbhermetischen
PKW-CO$_2$-Axialkolbenverdichter*, AutoUni – Schriftenreihe 127,
https://doi.org/10.1007/978-3-658-23002-9

[11]   BÖSWIRTH, L.: Zur Berechnung des Quetsch- und Klebeeffektes bei dünnen flüs-
       sigkeitsgefüllten Spalten.   In: *VDI-Verlag GmbH Düsseldorf* 7 (1978), Nr. 47,
       S. 1 – 48

[12]   BÖSWIRTH, L.: *Strömung und Ventilplattenbewegung in Kolbenverdichterventilen.*
       Eigenverl. L. Böswirth, 1994

[13]   BROWN, J. S.; YANA-MOTTA, Samuel F.; DOMANSKI, Piotr A.: Comparitive analy-
       sis of an automotive air conditioning systems operating with CO_2 and R-134a.   In:
       International Journal of Refrigeration 25 (2002), Nr. 1, S. 19 – 32

[14]   CAILLAT, Jean-Luc; NI, Shimao; DANIELS, Michael: A Computer Model for Scroll
       Compressors.   In: *International Refrigeration and Air Conditioning Conference at
       Purdue University* (1998)

[15]   CAVALCANTE, Peterson: *Instationäre Modellierung und Sensitivitätsanalyse regel-
       barer CO_2 Axialkolbenverdichter*, Technische Universität Carolo-Wilhelmina zu
       Braunschweig, Diss., 2008

[16]   CHINEN, Takeshi; KATO, Hisataka; ICHIHARA, Masaya; MIZUNO, Hiroyuki: Devel-
       opment of Rotary Compressor for High-efficiency CO_2 Heat-pump Hot-Water Supply
       System.   In: *International Refrigeration and Air Conditioning Conference at Purdue
       University* (2014)

[17]   CHO, H.; KIM, Lee M.: Cooling performance of a variable speed CO_2 cycle with an
       electronic expansion valve and internal heat exchanger.   In: *International Journal of
       Refrigeration* 30 (2007), S. 664 – 671

[18]   CHO, H.; KIM, Lee M.: Numerical evaluation on the performance of advanced CO_2
       cycles in the cooling mode operation.   In: *Applied Thermal Engineering* 29 (2009), S.
       1485 – 1492

[19]   CHO, Ihn-Sung; OH, Seok-Hyung; JUNG, Jae-Youn: Lubrication characteristics be-
       tween the vane and the rolling piston in a rotary compressor used for refrigeration
       and air-conditioning systems.   In: *KSME International Journal* 15 (2001), Nr. 5, S.
       562 – 568

[20]   CHO, N. K.; YOUN, Y.; LEE, B. C.; MIN, M. K.: The Characteristics of Tangential
       Leakage in Scroll Compressors for Air-Conditioners.   In: *International Refrigeration
       and Air Conditioning Conference at Purdue University* (2000)

[21]   CHRISTIAN, W.: *Probleme und Erkenntnisse an selbsttätigen Plattenventilen für
       Kolbenverdichter: Mitteilungen der Sektion Maschinenbau.* Akademie-Verlag, 1962
       (Abhandlungen d. Deutschen Akad. d. Wiss. zu Berlin. Kl. für Math., Physik u. Tech-
       nik)

[22]   CREUX, L.: *Rotary engine.* 3. Oktober 1905. – US Patent 801,182

[23] DABIRI, A.E.; RICE, C.K.: Compressor-simulation model with corrections for the level of suction gas superheat. Cincinnati, OH, USA: Oak Ridge National Lab., TN (USA); Science Applications, Inc., La Jolla, CA (USA), 2007

[24] DAS EUROPÄISCHE PARLAMENT UND DER RAT DER EUROPÄISCHEN UNION: *RICHTLINIE 2006/40/EG DES EUROPÄISCHEN PARLAMENTS UND DES RATES vom 17. Mai 2006 über Emissionen aus Klimaanlagen in Kraftfahrzeugen und zur Änderung der Richtlinie 70/156/EWG des Rates.* http://eur-lex.europa.eu/LexUriServ/LexUriServ.do?uri=OJ%3AL% 3A2006%3A161%3A0012%3A0018%3ADE%3APDF. Version: 19. April 2016

[25] DAS EUROPÄISCHE PARLAMENT UND DER RAT DER EUROPÄISCHEN UNION: *VERORDNUNG (EG) Nr. 443/2009 DES EUROPÄISCHEN PARLAMENTS UND DES RATES vom 23. April 2009 zur Festsetzung von Emissionsnormen für neue Personenkraftwagen im Rahmen des Gesamtkonzepts der Gemeinschaft zur Verringerung der CO_2-Emissionen von Personenkraftwagen und leichten Nutzfahrzeugen.* http://eur-lex.europa.eu/LexUriServ/LexUriServ.do?uri= OJ:L:2009:140:0001:0015:de:PDF. Version: 19. April 2016

[26] DEUTSCHE AKKREDITIERUNGSSTELLE GMBH: *Angabe der Messunsicherheit bei Kalibrierungen.* www.dakks.de, 11. November 2016

[27] DIN DEUTSCHES INSTITUT FÜR NORMUNG E. V.: *DIN 8877:1973-01: Leistungsprüfung von Kältemittel-Verdichtern.* Januar 1973

[28] DINIZ, Marco C.; DESCHAMPS, Cesar J.: A NTU-Based Model to Estimate Suction Superheating In Scroll Compressors. In: *International Refrigeration and Air Conditioning Conference at Purdue University* (2014)

[29] DISCONZI, F.; PEREIRA, E.; C., Deschamps: Development of an In-Cylinder Heat Transfer Correlation for Reciprocating Compressors. In: *International Refrigeration and Air Conditioning Conference at Purdue University* (2012)

[30] DRÖSE, H.; GEBAUER, K.; HARTUNG, H.; KÜPPERS, T.; LOY, C.; MAGZAL-CI, D.C.; NISSEN, H.; RESKE, T.: *Elektrisch angetriebener Kompressor für eine Fahrzeug-Klimaanlage.* 22. Januar 2004. – DE Patent App. DE2,003,122,352

[31] DÜCK, Peter: *Permanentmagneterregte Synchronmaschinen und die Berechnung optimierter Kennfelder.* Institut für Antriebssysteme und Leistungselektronik der Leibniz Universität Hannover, Dokumentation Berechnungsprogramm zum Betriebsverhalten von PMSM und RSM, 2016

[32] DUYAR, M.; DURSUNKAYA, Z.: Design Improvement Of A Compressor Bearing Using An Elastohydrodynamic Lubrication Model. In: *International Refrigeration and Air Conditioning Conference at Purdue University* (2002)

[33] ECKHARDT, B.; MÄRZ, M.; SCHIMANEK, E.: Anforderungsgerechte Auslegung von Leistungselektronik im Antriebsstrang. München, Deutschland: Elektrik/Elektronik in Hybrid- und Elektrofahrzeugen, 2008

[34] EIFLER, W.; SCHLÜCKER, E.; SPICHER, U.; WILL, G.: *Küttner Kolbenmaschinen: Kolbenpumpen, Kolbenverdichter, Brennkraftmaschinen*. Vieweg Teubner Verlag, 2008

[35] ELSON, J. P.; J., Amin J.: Experimental Evaluation of a Scotch-Yoke Compressor Mechanism. In: *International Refrigeration and Air Conditioning Conference at Purdue University* (1974)

[36] EMERSON ELECTRIC COMPANY: *Produktdatenblatt Micro Motion Universal-Durchflusssysteme der R-Serie.*   http://www2.emersonprocess.com/ siteadmincenter/PM%20Micro%20Motion%20Documents/ELITE-PDS-PS-00374.pdf. Version: 14. November 2016

[37] EUROPÄISCHES KOMITEE FÜR NORMUNG CEN: *DIN EN 1861:1998 Kälteanlagen und Wärmepumpen - Systemfließbilder und Rohrleitungs- und Instrumentenfließbilder - Gestaltung und Symbole*. Juli 1998

[38] EUROPÄISCHES KOMITEE FÜR NORMUNG CEN: *DIN EN 13771-1: Kältemittel-Verdichter und Verflüssigungssätze für die Kälteanwendung - Leistungsprüfung und Prüfverfahren, Teil 1: Kältemittel-Verdichter*. 09. Januar 2003

[39] FAGERLI, B. E.: On the Feasibility of Compressing CO_2 as Working Fluid in Scroll Compressors. In: *International Refrigeration and Air Conditioning Conference at Purdue University* (1998)

[40] FINDEISEN, Dietmar; HELDUSER, Siegfried: *Simulation elektrohydraulischer Komponenten und Systeme*. Springer Berlin Heidelberg, 2015. – 807 – 883 S.

[41] FISCHER, Rolf; LINSE, Hermann: *Elektrotechnik für Maschinenbauer*. Vieweg Teubner Verlag, 2005

[42] FISCHER, U.: *Tabellenbuch Metall*. Verlag Europa-Lehrmittel Nourney, Vollmer, 2005 (Europa-Fachbuchreihe für Metallberufe)

[43] FÖRSTERLING, S.: *Vergleichende Untersuchung von CO_2-Verdichtern in Hinblick auf den Einsatz in mobilen Anwendungen*, Technische Universität Carolo-Wilhelmina zu Braunschweig erschienen in Cuvillier Verlag, Diss., 2004

[44] FRENKEL, I.: *Kolbenverdichter: Theorie, Konstruktion und Projektierung*. Verlag Technik, 1969

[45] FREUDENSTEIN, F.; MAKI, E. R.: Kinematic Structure of Mechanisms for Fixed and Variable-Stroke Axial-Piston Reciprocating Machines. In: *ASME. J. Mech., Trans., and Automation* 106 (1984), Nr. 3, S. 355 – 364

[46] FRÖSCHLE, Manuel: Entwicklung einer transkritischen CO_2-Verdichterbaureihe für mittlere bis große Kälteleistungen. In: *Deutscher Kälte- und Klimatechnischer Verein e.V. (DKV)* (2010)

[47] G., Lorentzen: Revival of carbon dioxide as a refrigerant. In: *International Journal of Refrigeration* 17 (1994), Nr. 5, S. 292 – 301

[48] GESELLSCHAFT, VDI: *VDI-Wärmeatlas*. Springer Berlin Heidelberg, 2005 (VDI-Wärmeatlas)

[49] GORLA, C.; CONCLI, F.; STAHL, K.; HÖHN, B.-R.; M., Klaus; SCHULTHEISS, H.; STEMPLINGER, J.-P.: CFD Simulations of Splash Losses of a Gearbox. In: *Advances in Tribology* 2012 (2012), Nr. 616923

[50] GROLL, Eckhard A.; KIM, Jun-Hyeung: Review article: review of recent advances toward transcritical CO_2 cycle technology. In: *HVAC&R Research* 13 (2007), S. 449 – 520

[51] GROTH, K.; RINNE, G.; HAGE, F.: *Grundzüge des Kolbenmaschinenbaus II: Kompressoren*. Vieweg Teubner Verlag, 1995 (Studium Technik)

[52] HABING, Reinder A.: *Flow and plate motion in compressor valves*, University of Twente, Diss., 2005

[53] HAFNER, J.; GASPERSIC, B.: Dynamic Modeling of Reciprocating Compressor. In: *International Refrigeration and Air Conditioning Conference at Purdue University* (1990)

[54] HAMMER, Hans; WERTENBACH, Jürgen: Carbon Dioxide (R 744) as supplementary heating device. Phoenix, USA: Automotive Alternate Refrigerant Systems Symposium, 2000

[55] HASHEMI, Sohil; BOBACH, Lars; BARTEL, Dirk: Mehrkörpersimulation des Gleitschuh-Schrägscheiben-Kontaktes einer Axialkolpenpumpe unter Berücksichtigung von Sekundärkontakten und Mischreibung. In: *Reibung, Schmierung und Verschleiß, Aachen, GfT* 2 (2015), S. 61/1 – 61/12

[56] HEYL, Peter: *Untersuchungen transkritischer CO_2-Prozesse mit arbeitsleistender Entspannung: Prozessberechnungen, Auslegung und Test einer Expansions-Kompressions-Maschine*, Technische Universität Dresden erschienen in Forschungsberichte des Deutschen Kälte- und Klimatechnischen Vereins Nr. 62, Diss., 2000

[57] HIBINO, S.; HAYASHI, S.; OTA, M.; KAWAGUCHI, M.: *Suction throttle valve of a compressor*. 2008. – EP Patent App. EP20,070,119,745

[58] HIWATA, A.; IIDA, N.; FUTAGAMI, Y.; SAWEI, K.; ISHII, N.: Performance Investigation With Oil-Injection to Compression Chambers On CO_2-Scroll Compressor. In: *International Refrigeration and Air Conditioning Conference at Purdue University* (2002)

[59] HO, Lee G.; SOO, Kim H.: High efficiency R744 compressor development for vehicle. Saalfelden, Österreich: VDA Alternate Refrigerant Winter Meeting, 2008

[60] *Kapitel* Kolbenmaschinen. In: HÖLZ, Herbert; MOLLENHAUER, Klaus; TSCHÖKE, Helmut: *Dubbel: Taschenbuch für den Maschinenbau*. Berlin, Heidelberg: Springer Berlin Heidelberg, 2007, S. 1 – 90

[61] HONEYWELL INTERNATIONAL INC.: *Hall Effect Sensing and Application*. http://sensing.honeywell.com/honeywell-sensing-sensors-magnetoresistive-hall-effect-applications-\protect\discretionary{\char\hyphenchar\font}{}{}005715-2-en.pdf. Version: 14. November 2016

[62] HUBACHER, Beat; GROLL, Eckard A.: *Measurement of performance of carbon dioxide compressors*. http://lms.i-know.com/pluginfile.php/28864/mod_resource/content/108/Measurement%20and%20Performance%20of%20CO2%20Compressors.pdf. Version: 10. August 2016

[63] HWANG, Y.; RADERMACHER, R.: Development of Hermetic Carbon Dioxide Compressor. In: *International Refrigeration and Air Conditioning Conference at Purdue University* (1998)

[64] IBRAHIM, A. G. M.; FLEMING, J. S.: Leakage characteristics of CO_2 reciprocating compressors at off design conditions. In: *Compressor London* C615 (2003), Nr. 057, S. 111 – 118

[65] INABA, T.; SUGIHARA, M.; NAKAMURA, T.; KIMURA, T.; MORISHITA, E.: A Scroll Compressor with Sealing Means and Low Pressure Side Shell. In: *International Refrigeration and Air Conditioning Conference at Purdue University* (1986)

[66] INFINEON TECHNOLOGIES AG: *Current Sensing Using Linear Hall Sensors*. http://www.infineon.com/dgdl/Current_Sensing_Rev.1.1.pdf?fileId=db3a304332d040720132d939503e5f17. Version: 18. November 2016

[67] ISHII, N.; BIRD, K.; SANO, K.; OONO, M.; S., Iwamura: Refrigerant Leakage Flow Evaluation for Scroll Compressors. In: *International Refrigeration and Air Conditioning Conference at Purdue University* (1996)

[68] ITOH, Satoshi: World's First CO_2 Air Conditioning System. In: *AutoTechnology* 4, Nr. 1, S. 40 – 43

[69] IVANTYSYN, J.; IVANTYSYNOVA, M.: *Hydrostatische Pumpen und Motoren: Konstruktion und Berechnung*. Vogel-Fachbuch, 1993

[70] IVANTYSYNOVA, Monika; BAKER, Jonathan: Power Loss in the Lubricating Gap between Cylinder Block and Valve Plate of Swash Plate Type Axial Piston Machines. In: *International Journal of Fluid Power* 10 (2009), Nr. 2, S. 29 – 43

[71] JEONG, Heon-Sul; KIM, Hyoung-Eui: On the instantaneous and average piston friction of swash plate type hydraulic axial piston machines. In: *KSME International Journal* 18 (2004), Nr. 10, S. 1700 – 1711

[72] JOO, J. M.; OH, S. K.; KIM, G. K.; KIM, S. H.: Optimal Valve Design for Reciprocating Compressor. In: *International Refrigeration and Air Conditioning Conference at Purdue University* (2000)

[73] JORGENSEN, S. H.: Variable Automotive CO_2 Compressor. In: *International Refrigeration and Air Conditioning Conference at Purdue University* (1998)

[74] JÜRGEN, Süß: *Untersuchungen zur Konstruktion moderner Verdichter für Kohlendioxid als Kältemittel*, Gottfried Wilhelm Leibniz Universität Hannover erschienen in Forschungsberichte des Deutschen Kälte- und Klimatechnischen Vereins Nr. 59, Diss., 1998

[75] K., Wang S.: *Handbook of Air Conditioning and Refrigeration*. McGraw-Hill Education: New York, Chicago, San Francisco, Athens, London, Madrid, Mexico City, Milan, New Delhi, Singapore, Sydney, Toronto, 2001

[76] KAISER, Harald: *System- und Verlustanalyse von Kältemittelverdichtern unterschiedlicher Bauart*, Gottfried Wilhelm Leibniz Universität Hannover erschienen in Forschungsberichte des Deutschen Kälte- und Klimatechnischen Vereins Nr. 14, Diss., 1985

[77] KELLNER, Sven L.: *Parameteridentifikation bei permanenterregten Synchronmaschinen*, Friedrich-Alexander-Universität Erlangen-Nürnberg, Diss., 2012

[78] KG, Schaeffler Technologies GmbH & Co.: *Wälzlager.* Schaeffler Technologies GmbH & Co. KG, 2014. – HR1

[79] KIMURA, K.; SHIMIZU, I.; TARAO, S.; HISHINUMA, Y.: *Scroll compressor.* 15. Juli 2004. – US Patent App. 10/742,357

[80] KOBOLD MESSRING GMBH: *Produktdatenblatt Zahnrad Durchflussmesser DZR.* http://www.kobold.com/uploads/files/dzr-de-durchfluss-1.pdf. Version: 01. November 2016

[81] KÖHLER, E.; FLIERL, R.: *Verbrennungsmotoren: Motormechanik, Berechnung und Auslegung des Hubkolbenmotors ; mit 25 Tabellen.* Vieweg Teubner Verlag, 2009 (ATZ-MTZ Fachbuch)

[82] KÖHLER, J.; SONNEKALB, M.; KAISER, H.: A Transcritical Refrigeration Cycle with Carbon Dioxide for Bus Air Conditioning and Transport Refrigeration. In: *International Refrigeration and Air Conditioning Conference at Purdue University* (1998)

[83] KÖHLER, J.; SONNEKALB, M.; KAISER, H.; B., Lauterbach: CO_2 as Refrigerant for Bus Air Conditioning and Transport Refrigeration. Trondheim, Norwegen: IEA Heat Pump Centre/IIR Workshop on CO_2 Technology in Refrigeration, Heat Pump & Air Conditioning Systems, 1997

[84] KOLAR, J. W.; ERTL, H.; C., Zach F.: Influence of the Modulation Method on the Conduction and Switching Losses of a PWM Converter System. In: *IEEE Transactions on Industry Applications* 27 (1991), Nr. 6

[85] KOO, In H.; SHIN, Dong K.: Shape Optimization of Oldham Coupling in Scroll Compressor. In: *International Refrigeration and Air Conditioning Conference at Purdue University* (2004)

[86] KOSZALKA, Grzegorz; GUZIK, Miroslaw: Mathematical model of piston ring sealing in combustion engine. In: *Polish Maritime Research* 4 (2014), Nr. 84, S. 66 – 78

[87] KULITE SEMICONDUCTOR PRODUCTS INC.: *Miniature Ruggedized High Temperature Pressure Transducer.* http://www.kulite.com/docs/products/XTEL-190.pdf. Version: 09. Mai 2016

[88] KULITE SEMICONDUCTOR PRODUCTS INC.: *Transducer Handbook.* http://www.kulite.com/docs/transducer_handbook/section2.pdf. Version: 09. Mai 2016

[89] LACERDA, J. F.; TAKEMORI, C. K.: Predicting the Suction Gas Superheating in Reciprocating Compressors. In: *International Refrigeration and Air Conditioning Conference at Purdue University* (2014)

[90] LAMBERS, Klaus J.; SÜSS, Jürgen; KÖHLER, Jürgen: Der Verdichtungsprozess von Verdrängungsverdichtern, KI Kälte-, Luft- und Klimatechnik, 2007

[91] LEHRMANN, Christian; DREGER, Uwe; LIENESCH, Frank: *Wirkungsgradbestimmung an elektrischen Maschinen.* https://www.ptb.de/cms/fileadmin/internet/fachabteilungen/abteilung_3/explosionsschutz/Veroeffentlichungen/372/Lehrmann_1011.pdf. Version: 20. April 2016

[92] LEMKE, N. C.; KÖNIG, M.; HENNIG, J.; FÖRSTERLING, S.; KÖHLER, J.: Transient Experimental and 3D-FSI Investigation of Flapper Valve Dynamics for Refrigerant Compressors. In: *International Refrigeration and Air Conditioning Conference at Purdue University* (2016)

[93] LEMKE, Nicholas C.: *Untersuchung zweistufiger Flüssigkeitskühler mit dem Kältemittel CO_2*, Technische Universität Carolo-Wilhelmina zu Braunschweig erschienen in Forschungsberichte des Deutschen Kälte- und Klimatechnischen Vereins Nr. 73, Diss., 2005

[94] LEMORT, B. E.; DECLAYE, S.; QUOILIN, S.: Experimental characterization of a hermetic scroll expander for use in a micro-scale Rankine cycle. In: *Journal of Power and Energy* 226 (2012), Nr. 1, S. 126 – 136

[95] LIU, Hongsheng; CHEN, Jiangping; CHEN, Zhijiu: Experimental investigation of a CO_2 automotive air conditioner. In: *International Journal of Refrigeration* 28 (2005), Nr. 8, S. 1293 – 1301. – CO_2 as Working Fluid - Theory and Applications

[96] LOHN, S. K.; PEREIRA, E. L. L.; CAMARA, H. F.; DESCHAMPS, C. J.: Experimental Investigation of Damping Coefficient for Compressor Reed Valves. In: *International Refrigeration and Air Conditioning Conference at Purdue University* (2016)

[97] MAGTROL GMBH: *Produktdatenblatt Serie TM Drehmomentmesswellen.* http://www.magtrol.de/datenblatter/tm309-313_de.pdf. Version: 11. November 2016

[98] MAGZALCI, Dikran-Can: *Konstruktive und energetische Betrachtung von CO₂-PKW-Klimaverdichtern*, Technische Universität Carolo-Wilhelmina zu Braunschweig, Diss., 2005

[99] MANRING, Noah D.; A., Damtew F.: The Control Torque on the Swash Plate of an Axial-Piston Pump Utilizing Piston-Bore Springs. In: *Journal of Dynamic Systems, Measurement and Control* 123 (2001), Nr. 3, S. 471 – 478

[100] MÄRZ, M.; ECKARDT, B.; SCHIMANEK, E.: Leistungselektronik für Hybridfahrzeuge – Einflüsse von Bordnetztopologie und Traktionsspannungslage. Karlsruhe, Deutschland: Internationaler ETG Kongress, 2007

[101] MATTHIES, H.J.; RENIUS, K.T.: *Einführung in die Ölhydraulik*. Teubner, 2006 (Lehrbuch Maschinenbau)

[102] MEYER, W. A.; THOMPSON, H. D.: An analytical Model of Heat Transfer to the Suction Gas in a Low-Side Hermetic Refrigeration Compressor. In: *International Refrigeration and Air Conditioning Conference at Purdue University* (1998)

[103] MOLINA, J. M.; ROWLAND, F. J.: Stratospheric sink for chlorofluoromethanes chlorine atom-catalysed destruction of ozone. In: *Nature* 249 (2014), Nr. 81, S. 810 – 812

[104] MORRIESEN, A.; DESCHAMPS, C. J.; PEREIRA, E. L. L.; DUTRA, T.: NUMERICAL PREDICTION OF SUPERHEATING IN THE SUCTION MUFFLER OF A HERMETIC RECIPROCATING COMPRESSOR. Gramado, RS, Brasilien: Proceedings of COBEM 2009, 2009

[105] OOI, K. T.: Heat transfer study of a hermetic refrigeration compressor. In: *Applied Thermal Engineering* 23 (2003), Nr. 15, S. 1931 – 1945

[106] PARSCH, Willi; BRUNSCH, Bernd: Der CO₂ Kompressor, 7. LuK Kolloqium, 2002

[107] PEPPERL+FUCHS GMBH: *Produktdatenblatt Inkrementaldrehgeber MNI40N*. http://files.pepperl-fuchs.com/selector_files/navi/productInfo/edb/t42651_eng.pdf. Version: 11. November 2016

[108] PEREZ-GARCIA, V.; BELMAN-FLORES, J.M.; NAVARRO-ESBRI, J.; RUBIO-MAYA, C.: Comparative study of transcritical vapor compression configurations using CO₂ as refrigeration mode based on simulation. In: *Applied Thermal Engineering* 51 (2013), Nr. 1 - 2, S. 1038 – 1046

[109] PEREZ-SEGARRA, C.D.; RIGOLA, J.; SORIA, M.; OLIVA, A.: Detailed thermodynamic characterization of hermetic reciprocating compressors. In: *International Journal of Refrigeration* 28 (2005), Nr. 4, S. 579 – 593

[110] PIZARRO-RECABARREN, R. A.; J., Barbosa J.; DESCHAMPS, C. J.: Modeling the Stiction Effect in Automatic Compressor Valves. In: *International Refrigeration and Air Conditioning Conference at Purdue University* (2012)

[111] PLANK, R.: *Die schöpferische Leistung von Carl von Linde im Spiegel der Entwicklung der Kältetechnik.* Linde Jubiläumsschrift – 50 Jahre, 1954

[112] PRAKASH, R.; SINGH, R.: Mathematical Modeling and Simulation of Refrigerating Compressors. In: *International Refrigeration and Air Conditioning Conference at Purdue University* (1974)

[113] PROBST, U.: *Leistungselektronik für Bachelors: Grundlagen und praktische Anwendungen.* Fachbuchverlag Leipzig im Carl-Hanser-Verlag, 2008

[114] RAISER, Harald: *Untersuchung des transienten Verhaltens von CO_2-PKW-Klimaanlagen mit Niederdrucksammler*, Technische Universität Carolo-Wilhelmina zu Braunschweig erschienen im Cuvillier Verlag Göttingen, Diss., 2005

[115] REICHELT, Johannes: *Fahrzeugklimatisierung mit natürlichen Kältemitteln – auf Straße und Schiene.* C.F. Müller Verlag, 1996

[116] RENIUS, K.T.: *Untersuchungen zur Reibung zwischen Kolben und Zylinder bei Schrägscheiben-Axialkolbenmaschinen.* VDI-Verlag, 1974 (VDI-Forschungsheft)

[117] ROESSEL-MESSTECHNIK GMBH: *Produktdatenblatt Mantelthermoelemente.* http://www.roessel-messtechnik.de/webro-wAssets/docs/product-information/german/pi-071-metal-sheathed_de.pdf. Version: 14. November 2016

[118] SAMER, Sawalha: Using CO_2 in Supermarket Refrigeration. In: *ASHRAE Journal* 47 (2005), Nr. 8, S. 26 – 30

[119] SCHARFF, Dirk; KAISER, Christian; TEGETHOFF, Wilhelm; HUHN, Michaela: Ein einfaches Verfahren zur Bilanzkorrektur in Kosimulationsumgebungen. In: *SIMVEC - Berechnung, Simulation und - Erprobung im Fahrzeugbau*, 2012

[120] SCHEIRETOV, T. K. AND CUSANO, C.: *Tribological Evaluation of Compressor Contacts -Retrofitting and Materials Studies.* Air Conditioning and Refrigeration Center University of Illinois, 1993

[121] SCHNEIDER, Peter; GUNTERMANN, Bernd; KLOTTEN, Thomas; HECKT, Roman; WOELK, Peter M.: *REFRIGERANT SCROLL COMPRESSOR FOR MOTOR VEHICLE AIR CONDITIONING SYSTEMS.* http://patents.com/us-20140037485.html. Version: 14. Februar 2014. – US Patent 2014/0037485 A1

[122] SCHRÖDER, D.: *Elektrische Antriebe - Regelung von Antriebssystemen.* Springer Berlin Heidelberg, 2009 (Elektrische Antriebe - Regelung von Antriebssystemen Bd. 10)

[123] SCHULZE, Christian: *A contribution to numerically efficient modelling of thermodynamic systems*, Technische Universität Carolo-Wilhelmina zu Braunschweig, Diss., 2014

[124] SEETON, Chris J.: *CO_2-lubricant two-phase flow patterns in small horizontal wetted wall channels: The effects of refrigerant/lubricant thermophysical properties*, University of Illinois at Urbana-Champaign, Diss., 2009

[125] SHAH, Ramesh K.: Automotive Air-Conditioning Systems–Historical Developments, the State of Technology, and Future Trends. In: *Heat Transfer Engineering* 30 (2009), Nr. 9, S. 720 – 735

[126] SILVA, L. R.; J., Deschamps C.: Modeling of Gas Leakage through Compressor Valves. In: *International Refrigeration and Air Conditioning Conference at Purdue University* (2012)

[127] SONNEKALB, Michael: *Einsatz von Kohlendioxid als Kältemittel in Busklimaanlagen und Transportkälteanlagen, Messung und Simulation*, Technische Universtität Carolo Wilhelmina zu Braunschweig, Diss., 2002

[128] SPAN, R.; LEMMON, E. W.; T., Jacobsen R.; WAGNER, W.: A Reference Quality Equation of State for Nitrogen. In: *International Journal of Thermophysics* 19 (1998)

[129] SPAN, R.; WAGNER, W.: A New Equation of State for Carbon Dioxide Covering for Fluid Region from the Triple-Point Temperature to 1100 K at Pressures up to 800 MPa. In: *Journal of Physical and Chemical Reference Data* 25 (1996), S. 1509 – 1596

[130] SÜSS, Jürgen; VEJE, Christian: Development and Performance Measurements of a Small Compressor for Transcritical CO_2 Applications. In: *International Refrigeration and Air Conditioning Conference at Purdue University* (2004)

[131] TAKEUCHI, Makoto: *Development of CO_2 Scroll Compressor for Automotive Air-conditioning Systems*. http://www.sae.org/altrefrigerant/presentations/mitsubishi.pdf. Version: 20. April 2016

[132] TEGETHOFF, Wilhelm: *Eine objektorientierte Simulationsplattform für Kälte-, Klima- und Wärmepumpensysteme*, Technische Universität Carolo-Wilhelmina zu Braunschweig erschienen in Fortschritt-Berichte des VDI Reihe 19, Wärmetechnik/Kältetechnik, Nr. 118, Diss., 1999

[133] TELEDYNE LECROY GMBH: *Produktdatenblatt Current Probes*. http://cdn.teledynelecroy.com/files/pdf/lecroy_current_probes_datasheet.pdf. Version: 11. November 2016

[134] TELEDYNE LECROY GMBH: *Produktdatenblatt High Voltage Differential Probes*. http://cdn.teledynelecroy.com/files/pdf/hvd3000-probes-datasheet.pdf. Version: 11. November 2016

[135] TELEDYNE LECROY GMBH: *Produktdatenblatt Motor Drive Analyzsers*. http://cdn.teledynelecroy.com/files/pdf/mda800-motordrive-analysers-ds.pdf. Version: 11. November 2016

[136] TIAN, Hua; YANG, Zhao; LI, MinXia; MA, YiTai: Research and application of CO_2 refrigeration and heat pump cycle. In: *Science in China Series E: Technological Sciences* 52 (2009), Nr. 6, S. 1563 – 1575

[137] TODESCAT, M. L.; FAGOTTI, F.; T., Prata A.; FERREIRA, R. T. S.: Thermal Energy Analysis in Reciprocating Hermetic Compressors, 1992

[138] TOUBER, Simon: *A contribution to the improvement of compressor valve design*, Delft University of Technology, Diss., 1976

[139] TOYAMA, Toshiyuki; MATSUURA, Hideki; YOSHIDA, Yoshiaki: Visual Techniques to Quantify Behavior of Oil Droplets in a Scroll Compressor. In: *International Refrigeration and Air Conditioning Conference at Purdue University* (2006)

[140] VESOVIC, V.; WAKEHAM, W. A.; OLCHOWY, G. A.; SENGERS, J. V.; WATSON, J. T. R.; MILLAT, J.: The Transport Properties of Carbon Dioxide. In: *Journal of Physical and Chemical Reference Data* 19 (1990)

[141] WEIGAND, B.; KÖHLER, J.; WOLFERSDORF, J. von: *Thermodynamik kompakt*. Springer Berlin Heidelberg, 2013

[142] WIESCHOLLEK, Florian; HECKT, Roman: Improved Efficiency for Small Cars with R744. Saalfelden, Österreich: VDA Alternate Refrigerant Winter Meeting, 2007

[143] WOLF, Frank: Automotive Air Conditioning and Heat Pump Systems. Saalfelden, Österreich: VDA Alternate Refrigerant Winter Meeting, 2002

[144] WUJEK, S.; BOWERS, C.; OKARMA, P.; URREGO, R.; HESSEL, E.; T., Benanti: Effect of Lubricant-Refrigerant Mixture Properties on Compressor Efficiencies. In: *International Refrigeration and Air Conditioning Conference at Purdue University* (2014)

[145] WUJEK, S.; PEUKER, S.; MAI, H.; BOWER, J.; KOFFLER, M.: Method for Measuring Oil Contained in Air-Conditioning Components. In: *International Refrigeration and Air Conditioning Conference at Purdue University* (2010)

[146] YANG, B.; BRADSHAW, C. R.; A., Groll E.: Modeling of a semi-hermetic CO_2 reciprocating compressor including lubrication submodels for piston rings and bearings. In: *International Journal of Refrigeration* 36 (2013), Nr. 7, S. 1925 – 1937

[147] YANO, Kenji; NAKAO, Hideto; SHIMOJI, Mihoko: Development of Large Capacity CO_2 Scroll Compressor. In: *International Refrigeration and Air Conditioning Conference at Purdue University* (2008)

[148] YI, Fengshou; QIAN, Yonggui: Developing a Compact Automotive Scroll Compressor. In: *International Refrigeration and Air Conditioning Conference at Purdue University* (2008)

[149] YOSHIDA, Hirofumi; SAKUDA, Atsushi; FUTAGAMI, Yoshiyuki; MORIMOTO, Takashi; ISHII, Noriaki: Clearnace Control of Scroll Compressor for CO_2 Refrigerant. In: *International Refrigeration and Air Conditioning Conference at Purdue University* (2008)

[150] YOUN, Y.; CHO, N. K.; LEE, B. C.; MIN, M. K.: The Characteristics of Tip Leakage in Scroll Compressors for Air Conditioners. In: *International Refrigeration and Air Conditioning Conference at Purdue University* (2000)

[151] ZWICK GMBH & CO. KG: *Produktinformation Kraftaufnehmer Xforce P, Xforce HP und Xforce K*. https://www.zwick.de/-/media/files/sharepoint/vertriebsdoku_pi/03_716_xforce_pi_d.pdf. Version: 18. November 2016

A Messunsicherheiten der experimentellen Untersuchungen

Im Folgenden werden die Messunsicherheiten der experimentellen Untersuchungsansätze nach Kapitel 4 ermittelt. Die nachstehend ermittelten erweiterten Standardmessunsicherheiten werden in Kapitel 5 im Rahmen der Darstellung der experimentellen Ergebnisse berücksichtigt.

A.1 Bestimmung der erweiterten Standardmessunsicherheit an Komponenten

Für eine Fehlerabschätzung der ermittelten Wirkungsgrade der Leistungselektronik (vgl. Gleichung 2.50), des Elektromotors (vgl. Gleichung 2.51) und des Gesamtantriebsstranges (vgl. Gleichung 2.52) sind zunächst die Messunsicherheiten der elektrischen und mechanischen Leistungsanteile zu berücksichtigen, um anschließend die Messunsicherheit der abgeleiteten Wirkungsgrade bewerten zu können. Die im Folgenden dargestellten Ansätze zur Beschreibung der erweiterten Standardmessunsicherheit erfolgen nach der Veröffentlichung „Angabe der Messunsicherheit bei Kalibrierungen" [26].

A.1.1 Elektrische Leistung am Eingang der Leistungselektronik

Die elektrische (Wirk-)Leistung, welche der Leistungselektronik zugeführt wird, ergibt sich unter idealen Bedingungen für rein Ohm'sche Verbraucher zu

$$P_{DC,\Omega} = U_{DC,\Omega} \cdot I_{DC,\Omega}. \tag{A.1}$$

Der Index DC indiziert diejenige elektrische Leistung, die der Leistungselektronik (aus einer Batterie oder einem Netzteil) zugeführt und anschließend wechselgerichtet wird. Unter realen Betriebsbedingungen ist der elektrischen Leistung $P_{DC,\Omega}$ ein Wechselanteil der zugeführten elektrischen Leistung überlagert. Mithilfe der Augenblickswerte von Spannung u und Strom i gilt

$$P_{DC,r} = u_{DC,r} \cdot i_{DC,r}. \tag{A.2}$$

Für die Standardmessunsicherheit der elektrischen Leistung, welche der Leistungselektronik zugeführt wird, gilt [26]

$$u_{P_{DC,r}}(u_{DC,r}, i_{DC,r}) = \sqrt{c_{u_{DC,r}}^2 \cdot u_{u_{DC,r}}^2 + c_{i_{DC,r}}^2 \cdot u_{i_{DC,r}}^2} \tag{A.3}$$

mit

$$c_{u_{DC,r}} = \left[\frac{\partial(P_{DC,r})}{\partial(u_{DC,r})} \right]_{u_{DC,r,mess}, i_{DC,r,mess}} = i_{DC,r,mess} \tag{A.4}$$

© Springer Fachmedien Wiesbaden GmbH, ein Teil von Springer Nature 2018
M. König, *Verlustmechanismen in einem halbhermetischen PKW-CO₂-Axialkolbenverdichter*, AutoUni – Schriftenreihe 127,
https://doi.org/10.1007/978-3-658-23002-9

$$c_{i_{\mathrm{DC,r}}} = \left[\frac{\partial (P_{\mathrm{DC,r}})}{\partial (i_{\mathrm{DC,r}})}\right]_{u_{\mathrm{DC,r,mess}}, i_{\mathrm{DC,r,mess}}} = u_{\mathrm{DC,r,mess}}. \tag{A.5}$$

In Abhängigkeit von der Verteilungsform der Standardmessunsicherheit ist der geschätzte Streubereich anzugeben. Es wird eine Rechteckverteilung mit konstanter Wahrscheinlichkeitsdichte zwischen den Grenzwerten a_+ und a_- (der Schätzwert μ liegt mit einem Grad des Vertrauens von 100 % innerhalb des Streubereiches $2a$) angenommen [26]. Es gilt [26, 134, 133]

$$u_{u_{\mathrm{DC,r}}} = \frac{2}{\sqrt{12}} \cdot a_{u_{\mathrm{DC,r}}} \approx 0,58 \cdot 0,01 \cdot u_{\mathrm{DC,r,mess}} \tag{A.6}$$

$$u_{i_{\mathrm{DC,r}}} = \frac{2}{\sqrt{12}} \cdot a_{i_{\mathrm{DC,r}}} \approx 0,58 \cdot 0,01 \cdot i_{\mathrm{DC,r,mess}}. \tag{A.7}$$

Für die erweiterte Standardmessunsicherheit gilt [26]

$$U_{P_{\mathrm{DC,r}}} = k \cdot u_{P_{\mathrm{DC,r}}}. \tag{A.8}$$

Die im Rahmen der Arbeit entwickelten Werte der erweiterten Standardmessunsicherheit mit $k = 2$ beziehen sich auf einen Grad des Vertrauens von 95,45 % (2σ-Konfidenzniveau). Für die relative Standardmessunsicherheit gilt [26]

$$w_{P_{\mathrm{DC,r}}} = \left[\frac{u_{P_{\mathrm{DC,r}}}}{P_{\mathrm{DC,r}}}\right]_{u_{\mathrm{DC,r,mess}}, i_{\mathrm{DC,r,mess}}}. \tag{A.9}$$

A.1.2 Elektrische Leistung am Eingang des E-Motors

Die elektrische Leistung P_{AC}, die dem E-Motor zugeführt wird, ergibt sich aus der Summe der drei Leistungsanteile der stromführenden Leiter U, W und V [41]

$$P_{\mathrm{AC}} = P_{\mathrm{AC,U}} + P_{\mathrm{AC,V}} + P_{\mathrm{AC,W}}. \tag{A.10}$$

Im betrachteten Fall eines Dreileitersystems ohne Neutralleiter und symmetrischer Last gilt [41]

$$i_{\mathrm{U}} + i_{\mathrm{V}} + i_{\mathrm{W}} = 0. \tag{A.11}$$

Die Leistungsmessung kann mithilfe der Aronschaltung auf zwei Differenzspannungs- und zwei Strommessungen begrenzt werden. Unter Berücksichtigung der Augenblickswerte der Spannung und des Stroms gilt [41]

$$P_{\mathrm{AC}} = u_{\mathrm{AC,UW}} \cdot i_{\mathrm{AC,U}} + u_{\mathrm{AC,VW}} \cdot i_{\mathrm{AC,V}}. \tag{A.12}$$

Für die Standardmessunsicherheit der elektrischen Leistung gilt

$$u_{P_{\mathrm{AC}}}(u_{\mathrm{AC,UW}}, i_{\mathrm{AC,U}}, u_{\mathrm{AC,VW}}, i_{\mathrm{AC,V}}) = \sqrt{c_{u_{\mathrm{AC,UW}}}^2 \cdot u_{u_{\mathrm{AC,UW}}}^2 + c_{i_{\mathrm{AC,U}}}^2 \cdot u_{i_{\mathrm{AC,U}}}^2}$$
$$\overline{+ c_{u_{\mathrm{AC,VW}}}^2 \cdot u_{u_{\mathrm{AC,VW}}}^2 + c_{i_{\mathrm{AC,V}}}^2 \cdot u_{i_{\mathrm{AC,V}}}^2} \tag{A.13}$$

mit

$$c_{u_{AC,UW}} = \left[\frac{\partial(P_{AC})}{\partial(u_{AC,UW})} \right]_{u_{AC,UW,mess},\, i_{AC,U,mess},\, u_{AC,VW,mess},\, i_{AC,V,mess}} = i_{AC,U,mess} \qquad (A.14)$$

$$c_{i_{AC,U}} = \left[\frac{\partial(P_{AC})}{\partial(i_{AC,U})} \right]_{u_{AC,UW,mess},\, i_{AC,U,mess},\, u_{AC,VW,mess},\, i_{AC,V,mess}} = u_{AC,UW,mess} \qquad (A.15)$$

$$c_{u_{AC,VW}} = \left[\frac{\partial(P_{AC})}{\partial(u_{AC,VW})} \right]_{u_{AC,UW,mess},\, i_{AC,U,mess},\, u_{AC,VW,mess},\, i_{AC,V,mess}} = i_{AC,V,mess} \qquad (A.16)$$

$$c_{i_{AC,V}} = \left[\frac{\partial(P_{AC})}{\partial(i_{AC,U})} \right]_{u_{AC,UW,mess},\, i_{AC,U,mess},\, u_{AC,VW,mess},\, i_{AC,V,mess}} = u_{AC,VW,mess} \qquad (A.17)$$

und wiederum für die Annahme einer Rechteckverteilung [134, 133]

$$u_{u_{AC,UW}} = \frac{2}{\sqrt{12}} \cdot u_{u_{AC,UW}} \approx 0,58 \cdot 0,01 \; u_{AC,UW,mess} \qquad (A.18)$$

$$u_{i_{AC,U}} = \frac{2}{\sqrt{12}} \cdot a_{i_{AC,U}} \approx 0,58 \cdot 0,01 \cdot i_{AC,U,mess} \qquad (A.19)$$

$$u_{u_{AC,VW}} = \frac{2}{\sqrt{12}} \cdot a_{u_{AC,VW}} \approx 0,58 \cdot 0,01 \cdot u_{AC,VW,mess} \qquad (A.20)$$

$$u_{i_{AC,V}} = \frac{2}{\sqrt{12}} \cdot a_{i_{AC,V}} \approx 0,58 \cdot 0,01 \cdot i_{AC,V,mess}. \qquad (A.21)$$

Für die erweiterte Standardmessunsicherheit gilt

$$U_{P_{AC}} = k \cdot u_{P_{AC}}. \qquad (A.22)$$

Für die relative Standardmessunsicherheit gilt

$$w_{P_{AC}} = \left[\frac{u_{P_{AC}}}{P_{AC}} \right]_{u_{AC,UW,mess},\, i_{AC,U,mess},\, u_{AC,VW,mess},\, i_{AC,V,mess}}. \qquad (A.23)$$

A.1.3 Mechanische Leistung

Die mechanische Leistung wird im Rahmen der Blowby- (vgl. Kapitel C) und Wirkungsgradmessungen am elektrischen Antriebsstrang (vgl. Abschnitt 4.3) am Verdichter mit externer Wellenausführung erfasst. Für die mechanische Leistung gilt

$$P_A = 2\pi \cdot f_A \cdot M_A. \qquad (A.24)$$

Für die Standardmessunsicherheit der mechanischen Leistung gilt damit

$$u_{P_A}(M_A, f_A) = \sqrt{c_{M_A}^2 \cdot u_{M_{A,ges}}^2 + c_{f_A}^2 \cdot u_{f_A}^2} \tag{A.25}$$

mit

$$c_{M_A} = \left[\frac{\partial(P_A)}{\partial(M_A)}\right]_{f_{A,mess}, M_{A,mess}} = 2\pi \cdot f_{A,mess} \tag{A.26}$$

$$c_{f_A} = \left[\frac{\partial(P_A)}{\partial(f_A)}\right]_{f_{A,mess}, M_{A,mess}} = 2\pi \cdot M_{A,mess}. \tag{A.27}$$

Für den Gesamtfehler der Drehmomentmessung aus überlagertem Temperatur-, Linearitäts-, Hysterese- und Langzeitstabilitätseinfluss gilt

$$u_{M_{A,ges}} = \sqrt{u_{M_{A,T}}^2 + u_{M_{A,Lin/Hys}}^2 + u_{M_{A,Lang}}^2}. \tag{A.28}$$

Der kombinierte Temperatureinfluss auf den Nullpunkt und die Empfindlichkeit der Drehmomentmessung im kompensierten Temperaturbereich (10 bis 60 °C) ergibt sich wiederum für die Annahme einer Rechteckverteilung zu [97]

$$u_{M_{A,T}} = \frac{2}{\sqrt{12}} \cdot a_{M_{A,T}} \approx 0,58 \cdot \frac{0,001 \cdot M_{Nenn} \cdot |T_{mess} - T_{kal}|}{10\,K}. \tag{A.29}$$

Es wird dabei für alle Messungen eine Temperaturabweichung von 10 K im Vergleich zum Temperaturbezugs-Kalibrierwert angenommen. Der Einfluss der kombinierten Standardmessunsicherheit aufgrund von Linearitäts- und Hystereseeinfluss ergibt sich für die Annahme einer Rechteckverteilung zu [97]

$$u_{M_{A,Lin/Hys}} = \frac{2}{\sqrt{12}} \cdot a_{M_{A,Lin/Hys}} \approx 0,58 \cdot 0,001 \cdot M_{Nenn}. \tag{A.30}$$

Der Einfluss der Langzeitstabilität auf die Messabweichung ergibt sich für den Zeitpunkt der Messungen unter Berücksichtigung einer Rechteckverteilung zu [97]

$$u_{M_{A,Lang}} = \frac{2}{\sqrt{12}} \cdot a_{M_{A,Lang}} \approx 0,58 \cdot 0,0005 \cdot M_{Nenn}. \tag{A.31}$$

Das Nenndrehmoment wurde jeweils mit $M_{Nenn} = 20\,N\,m$ berücksichtigt [97]. Für die Messunsicherheit des Drehzahlsignals anhand eines Drehgebers an der Antriebswelle ergibt sich unter Berücksichtigung einer Normalverteilung die Wiederholgenauigkeit zu [107]

$$u_{f_A} = 1 \cdot a_{f_A} = 1 \cdot \frac{0,0166}{360} \cdot f_{A,mess}. \tag{A.32}$$

Für die erweiterte Standardmessunsicherheit gilt

$$U_{P_A} = k \cdot u_{P_A}. \tag{A.33}$$

Für die relative Standardmessunsicherheit gilt

$$w_{P_A} = \left[\frac{u_{P_A}}{P_A}\right]_{f_{A,mess}, M_{A,mess}}. \tag{A.34}$$

A.1.4 Elektrische Wirkungsgradbewertung

Die Gesamt-Standardmessunsicherheit der abgeleiteten Wirkungsgradbetrachtung ergibt sich für den Leistungselektronik-Wirkungsgrad zu

$$u_{\eta_{LE}} = \sqrt{u_{P_{DC,r}}^2 + u_{P_{AC}}^2}. \tag{A.35}$$

Für die erweiterte Standardmessunsicherheit gilt

$$U_{\eta_{LE}} = k \cdot u_{\eta_{LE}}. \tag{A.36}$$

Für die relative Standardmessunsicherheit gilt

$$w_{\eta_{LE}} = \left[\frac{u_{\eta_{LE}}}{\eta_{LE}} \right]_{P_{DC,r,mess}, P_{AC,mess}}. \tag{A.37}$$

Die Gesamt-Standardmessunsicherheit ergibt sich für den E-Motor-Wirkungsgrad zu

$$u_{\eta_{EM}} = \sqrt{u_{P_A}^2 + u_{P_{AC}}^2} \tag{A.38}$$

mit der erweiterten Standardmessunsicherheit

$$U_{\eta_{EM}} = k \cdot u_{\eta_{EM}} \tag{A.39}$$

und der relativen Standardmessunsicherheit

$$w_{\eta_{EM}} = \left[\frac{u_{\eta_{EM}}}{\eta_{EM}} \right]_{P_{A,mess}, P_{AC,mess}}. \tag{A.40}$$

Die Gesamt-Standardmessunsicherheit für den Gesamt-Antriebsstrang-Wirkungsgrad ergibt sich zu

$$u_{\eta_{ges}} = \sqrt{u_{P_{DC,r}}^2 + u_{P_A}^2} \tag{A.41}$$

mit der erweiterten Messunsicherheit

$$U_{\eta_{ges}} = k \cdot u_{\eta_{ges}} \tag{A.42}$$

und der relativen Messunsicherheit

$$w_{\eta_{ges}} = \left[\frac{u_{\eta_{ges}}}{\eta_{ges}} \right]_{P_{A,mess}, P_{DC,r,mess}}. \tag{A.43}$$

A.1.5 Indizierte Leistung

Die Drehzahlerfassung für die Indizierung am hermetischen Verdichter erfolgt mithilfe von Hall-Schaltern (vgl. Abschnitt 4.2). Nach Gleichung 4.5 gilt für die Gesamt-Standardmessunsicherheit der indizierten Leistung

$$u_{P_{ind}}(W_{V,ind}, f_A) = \sqrt{c_{W_{V,ind}}^2 \cdot u_{W_{V,ind}}^2 + c_{f_A}^2 \cdot u_{f_A}^2} \tag{A.44}$$

mit

$$c_{W_{V,ind}} = \left[\frac{\partial(P_{ind})}{\partial(W_{V,ind})} \right]_{W_{V,ind,mess}, f_{A,mess}} = z \cdot f_A \qquad (A.45)$$

$$c_{f_A} = \left[\frac{\partial(P_{ind})}{\partial(f_A)} \right]_{W_{V,ind,mess}, f_{A,mess}} = z \cdot W_{V,ind}. \qquad (A.46)$$

Die Messunsicherheit der indizierten Arbeit ergibt sich anhand der Messunsicherheit der Kolben-OT-Erfassung. Ein Einfluss der Messunsicherheit des Zylinderdruckes auf die Messunsicherheit der indizierten Arbeit besteht nicht. Die Bewertung der Messunsicherheit des Zylinderdruckes ist dennoch im Hinblick auf die Bewertung von Ventilverlusten und zur Modellvalidierung von Interesse und wird daher betrachtet. Die Messunsicherheit der Zylinderdruckmessung gilt wiederum nach Gleichung A.76. Die Unsicherheit der Druckmessung aufgrund von Temperaturabweichungen zwischen der Mess- und Kalibriertemperatur der Sensorik wird für die Bestimmung des Zylinder- und Kammerdruckes des Verdichters mit Temperaturkompensation (vgl. Gleichung 4.7) vernachlässigt. Mit der kombinierten Messunsicherheit aufgrund von Linearitäts-, Hysterese und Wiederholgenauigkeitsabweichungen unter Annahme einer Rechteckverteilung gelten wiederum Gleichungen A.79 und A.80 [87]. Der Nenndruck der verwendeten Sensoren ist mit 160 bar zu berücksichtigen.

Die Standardmessunsicherheit der Kolben-OT- und zugleich Antriebswellen-Drehwinkel-Bestimmung wird in diesem Zusammenhang als Resultat von realen mechanischen Bauteileigenschaften und Messunsicherheiten des Hall-Schalters bestimmt

$$u_{\varphi(OT)_{ges}} = \sqrt{u_{\varphi(OT)_{mech}}^2 + u_{\varphi(OT)_{Hall,TC}}^2 + u_{\varphi(OT)_{Hall,T0}}^2}. \qquad (A.47)$$

Die realen mechanischen Bauteileigenschaften berücksichtigen den Einfluss von:

- Spielpassung zwischen Kolben und Zylinderlaufbuchse: Kolbenverkippung in der Zylinderlaufbuchse $\left(\frac{d_{LB}}{d_K} \approx 0,343\ \% \right)$

- Betriebs-Wälzlagerspiel der Radiallager ($\approx 15\,\mu m$)

- Bauteilelastizitäten (Antriebswelle inkl. Stützscheibe, Axiallager)

- Spielpassung zwischen Gleitstein und Taumelscheibe ($\approx 15\,\mu m$)

Die nachstehend aufgeführten Messunsicherheiten der Kolben-OT-Lage ergeben sich als Winkeldifferenz zwischen der maximalen idealen Kolbenauslenkung und der Kolbenauslenkung im belasteten realen Zustand unter Berücksichtigung von mechanischen Toleranzen. Der ideale OT des Kolbens wird in diesem Zusammenhang beschrieben als die maximale Auslenkung des Kolbens in x-Richtung. Dabei ist die ideale Kolbenposition als der Schnittpunkt zwischen der Kolbenbodenfläche und der Symmetrieachse der Laufbuchse in x-Richtung für die ideale Kolbenkinematik ohne die oben aufgeführten mechanischen Bauteileigenschaften definiert. Der reale OT des Kolbens wird als der Schnittpunkt zwischen der Kolbenbodenfläche und der Symmetrieachse der Kolbens beschrieben.

Der überlagerte Einfluss der realen mechanischen Bauteileigenschaften auf den Kolben-OT lässt sich in geeigneter Weise mithilfe von Mehrkörpersimulation (MKS) bewerten.

Die MKS erlaubt es, das reale Verhalten von verformbaren Körpern unter Vorgabe von Reibkontakten und kinematischen Eigenschaften zu beschreiben. Die Freiheitsgrade der Bewegung werden über Gelenk-Ersatzmodelle eingeschränkt. Abbildung A.1 zeigt die Auswertung der berechneten OT-Abweichung für vier ausgewählte Betriebsszenarien eines Betriebspunktes nach Tabelle A.1.

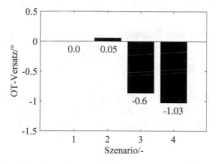

Abbildung A.1: Relativer Versatz zwischen idealem und realem Kolben-OT beispielhaft für Detriebspunkt D bei 1.000 $f_{A,max}$ anhand einer Mehrkörpersimulation. Die mechanischen Eigenschaften der Bauteile wurden bei einer Temperatur von 20 °C berücksichtigt.

Tabelle A.1: Szenarienübersicht der anhand einer Mehrkörpersimulation betrachteten Abweichung zwischen dem realen und idealen Kolben-OT

Szenario	Kolbenverkippung	Betriebs-Lagerspiel	Bauteilelastizitäten	Gleitsteinspiel
1	–	–	–	–
2	√	√	–	–
3	√	√	√	–
4	√	√	√	√

Für den überlagerten Einfluss der erwähnten realen Bauteileigenschaften zeigen insbesondere Szenario 3 und Szenario 4 ein signifikantes Vorauseilen des realen OT gegenüber dem idealen OT bis zu einem Winkelgrad. Im Betrieb des Verdichters ergeben sich über den betrachteten Einfluss der Bauteiltoleranzen und der begrenzten Bauteilsteifigkeit hinaus weitere Einflussgrößen auf den realen Kolben-OT-Versatz. So sind in diesem Zusammenhang einerseits der Einfluss des Kältemaschinenöls auf die Bauteiltoleranzen (insbesondere durch die Ausbildung eines Schmierfilms zwischen den Gleitsteinen und der Taumelscheibe) und andererseits der Temperatureinfluss auf die Bauteileigenschaften zu erwähnen. Nachfolgend wird eine OT-Abweichung von ±1° aufgrund von mechanischen Einflussgrößen berücksichtigt. Für die Annahme einer Rechteckverteilung gilt

$$u_{\varphi(OT)mech} = \frac{2}{\sqrt{12}} \cdot a_{mech} \approx 0,58 \cdot 1. \tag{A.48}$$

Zur Bewertung der Messunsicherheit der OT- und der Drehzahlerfassung über Hall-Schalter werden ausschließlich der Temperatureinfluss auf die Nullpunktabweichung und auf den Kennwert der analogen Ausgangskennlinie (Sensitivitätsabweichung) berücksichtigt [61, 66]. Für die Annahme einer Rechteckverteilung gilt für die Kennwertabweichung

$$u_{\varphi(\text{OT})_{\text{Hall,TC}}} = \frac{2}{\sqrt{12}} \cdot a_{\varphi(\text{OT})_{\text{Hall,TC}}} \approx 0,58 \cdot \frac{0,0003}{1\,\text{K}} \cdot |T_{\text{mess}} - T_{\text{kal}}| \cdot 2\pi \cdot f_{\text{A,mess}}. \qquad \text{(A.49)}$$

Weiterhin gilt unter Annahme einer Rechteckverteilung für die Nullpunktabweichung

$$u_{\varphi(\text{OT})_{\text{Hall,T0}}} = \frac{2}{\sqrt{12}} \cdot a_{\varphi(\text{OT})_{\text{Hall,T0}}} \approx 0,58 \cdot \frac{0,00035}{1\,\text{K}} \cdot |T_{\text{mess}} - T_{\text{kal}}| \cdot 2\pi \cdot f_{\text{A,mess}}. \qquad \text{(A.50)}$$

Es wird für die Bestimmung der Messunsicherheit eine mittlere Temperaturabweichung von 20 K im Vergleich zum Temperaturbezugs-Kalibrierwert für den Verbauort der Hall-Schalter im Triebraum des Verdichters angenommen. Die Berechnung des Kolben-OT erfolgt anhand der Drehzahl und des Winkelversatzes nach Gleichung 4.2.

Die Messunsicherheit der indizierten Arbeit anhand der Messunsicherheit durch die realen mechanischen Bauteileigenschaften und die Unsicherheit der Drehwinkelerfassung zeigt einen signifikanten Einfluss der Drehzahl und des Druckverhältnisses, vgl. Abbildung A.2. Der arithmetische Mittelwert der betrachteten Messunsicherheit der indizierten Arbeit nach

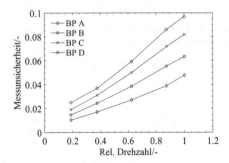

Abbildung A.2: Standardmessunsicherheit der indizierten Arbeit für verschiedene Druckverhältnisse in Abhängigkeit von der relativen Drehzahl bei sechs Prozent OCR

Abbildung A.2 beträgt dabei 4,5($\pm$2,5) %. Unter Berücksichtigung des hohen Einflusses der Drehzahl- und Druckverhältnisabhängigkeit auf die indizierte Arbeit ergibt sich folgender Zusammenhang für die Standardmessunsicherheit der indizierten Arbeit

$$u_{W_{\text{V,ind}}} = a_{W_{\text{V,ind}}} = 0,0345 \cdot f_{\text{A,rel}} \cdot \Pi \cdot C_{f_{\text{A,rel}}} \cdot C_{\Pi} \cdot W_{\text{V,ind,mess}}. \qquad \text{(A.51)}$$

Dabei ist die Messunsicherheit der Drehwinkelbestimmung unter Annahme einer Rechteckverteilung des Streubereiches berücksichtigt. Die Korrekturfaktoren nach Gleichung A.51 zeigt Tabelle A.2.

Tabelle A.2: Korrekturfaktoren Drehzahl und Druckverhältnis

Π	C_Π	$C_{f_{A,rel}}$
1,60	1,00	$-0,1905 \cdot f_{A,rel} + 0,9626$
2,14	1,06	$-0,2549 \cdot f_{A,rel} + 0,9368$
2,62	1,12	$-0,1946 \cdot f_{A,rel} + 0,9556$
3,00	1,29	$-0,1868 \cdot f_{A,rel} + 0,9561$

Die Standardmessunsicherheit der Drehzahlerfassung anhand der Hall-Schalter wird mit

$$u_{f,Hall} = \sqrt{u_{f,Hall_{TC}}^2 + u_{f,Hall_{T0}}^2} \tag{A.52}$$

angenommen. Es gelten wiederum für eine Rechteckverteilung

$$u_{f,Hall,TC} = \frac{2}{\sqrt{12}} \cdot a_{f,Hall,TC} \approx 0,58 \cdot \frac{0,0003}{1\,K} \cdot |T_{mess} - T_{kal}| \cdot f_{A,Hall,mess} \tag{A.53}$$

$$u_{f,Hall,T0} = \frac{2}{\sqrt{12}} \cdot a_{f,Hall,T0} \approx 0,58 \cdot \frac{0,0003}{1\,K} \cdot |T_{mess} - T_{kal}| \cdot f_{A,Hall,mess}. \tag{A.54}$$

Für die erweiterte Standardmessunsicherheit gilt

$$U_{P_{ind}} = k \cdot u_{P_{ind}}. \tag{A.55}$$

Für die relative Standardmessunsicherheit gilt

$$w_{P_{ind}} = \left[\frac{u_{P_{ind}}}{P_{ind}} \right]_{W_{V,ind,mess}, f_{A,Hall,mess}}. \tag{A.56}$$

A.1.6 Leckage am Zylinder

Für die Leckage-Massenstrombewertung an den Kolbenringen (Blowby-Messung) gilt die Messunsicherheit der Massenstrommessung. Unter Annahme einer Rechteckverteilung für die Standardmessunsicherheit der Massenstrommessung (für die Gase Kohlendioxid und Stickstoff) [36]

$$u_{\dot{m}_{eff}} = \frac{2}{\sqrt{12}} \cdot a_{u_{\dot{m}_{eff}}} \approx 0,58 \cdot 0,0025 \cdot \dot{m}_{eff,mess}. \tag{A.57}$$

Für die Ermittlung des Leckagemassenstromes an den Verdichterventilen gilt der Zusammenhang

$$\dot{m}_{N2,L} = \frac{d(\rho_{N2,L} \cdot V_{Kammer})}{dt}. \tag{A.58}$$

Für die Standardmessunsicherheit der Ermittlung des Leckagemassenstromes für das Druckventil am Komponentenprüfstand (vgl. Abschnitt C.2) ergibt sich unter Berücksichtigung der Messunsicherheit der Stoffdichte und des Kammervolumens

$$u_{\dot{m}_{N2,L}}(\rho_{N2}, V_{Kammer}) = \sqrt{c_{\rho_{N2}}^2 \cdot u_{\rho_{N2}}^2 + c_{V_{Kammer}}^2 \cdot u_{V_{Kammer}}^2} \tag{A.59}$$

$$c_{\rho_{N2}} = \left[\frac{\partial (\dot{m}_{N2,L})}{\partial (\rho_{N2})} \right]_{\rho_{N2,mess}, V_{Kammer,Nenn}} = V_{Kammer} \tag{A.60}$$

$$c_{\rho_{N2}} = \left[\frac{\partial (\dot{m}_{N2,L})}{\partial (V_{Kammer})} \right]_{\rho_{N2,mess}, V_{Kammer,Nenn}} = \rho_{N2}. \tag{A.61}$$

Für die Stoffdichte-Bestimmung gilt

$$u_{\rho_{N2}} = \sqrt{u_{\rho_{N2,SW}}^2 + u_{\rho_{N2,F}}^2}. \tag{A.62}$$

Es kann für die Messunsicherheit der Stoffdichte-Berechnung nach Span et al. [128] für den relevanten Druck- (0.1 bis 100 bar) und Temperaturbereich (0 bis 80 °C) der Zusammenhang

$$u_{\rho_{N2,SW}} = \frac{2}{\sqrt{12}} \cdot a_{\rho_{N2,SW}} \approx 0,58 \cdot 0,0001 \cdot \rho_{N2,mess}. \tag{A.63}$$

berücksichtigt werden. Für die Messunsicherheit der Dichteberechnung aufgrund der Messunsicherheit der Druck- und Temperaturmessung werden wiederum Gleichung A.76 und Gleichung A.81 berücksichtigt. Unter Annahme einer Rechteckverteilung der Messunsicherheiten der Messgrößen Druck und Temperatur gilt

$$u_{\rho_{N2,F}} = a_{\rho_{N2,F}} = 0,007 \cdot \rho_{N2,mess}. \tag{A.64}$$

Für die Messunsicherheit der Bestimmung des Kammervolumens werden die Fertigungstoleranzen der Baugruppe berücksichtigt. Unter Annahme normalverteilter Fertigungstoleranzen gilt

$$u_{V_{Kammer}} = 1 \cdot a_{V_{Kammer}} = 0,001 \cdot V_{Kammer,Nenn}. \tag{A.65}$$

In Bezug auf die Standardmessunsicherheit der Leckagemessung am Komponentenprüfstand gilt damit

$$U_{\dot{m}_{N2,L}} = k \cdot u_{\dot{m}_{N2,L}}. \tag{A.66}$$

Für die relative Standardmessunsicherheit gilt

$$w_{\dot{m}_{N2,L}} = \left[\frac{u_{\dot{m}_{N2,L}}}{\dot{m}_{N2,L}} \right]_{\rho_{N2,mess}, V_{Kammer,Nenn}}. \tag{A.67}$$

A.2 Bestimmung der erweiterten Standardmessunsicherheit der Kenngrößen

A.2.1 Liefergrad

Die im Folgenden ausgeführten Betrachtungen der Gesamt-Standardmessunsicherheit gelten in identischer Ausführung für den stutzenbezogenen und den kammerbezogenen Liefergrad. Für die Gesamt-Standardmessunsicherheit gilt nach Gleichung 2.15

$$u_{\lambda_{eff,St}}(\dot{m}_{eff}, f_A, \rho_{SSt}) = \sqrt{c_{\dot{m}_{eff}}^2 \cdot u_{\dot{m}_{eff}}^2 + c_{f_A}^2 \cdot u_{f_A}^2 + c_{\rho_{SSt}}^2 \cdot u_{\rho_{SSt}}^2} \tag{A.68}$$

mit

$$c_{\dot{m}_{\mathrm{eff}}} = \left[\frac{\partial(\lambda_{\mathrm{eff,St}})}{\partial(\dot{m}_{\mathrm{eff}})}\right]_{\dot{m}_{\mathrm{eff,mess}}, f_{\mathrm{A,mess}}, \rho_{\mathrm{SSt,mess}}} = \frac{1}{V_{\mathrm{Hub}} \cdot z \cdot f_{\mathrm{A,mess}} \cdot \rho_{\mathrm{SSt,mess}}} \tag{A.69}$$

$$c_{f_{\mathrm{A}}} = \left[\frac{\partial(\lambda_{\mathrm{eff,St}})}{\partial(f_{\mathrm{A}})}\right]_{\dot{m}_{\mathrm{eff,mess}}, f_{\mathrm{A,mess}}, \rho_{\mathrm{SSt,mess}}} = -\frac{\dot{m}_{\mathrm{eff,mess}}}{V_{\mathrm{Hub}} \cdot z \cdot f_{\mathrm{A,mess}}^2 \cdot \rho_{\mathrm{SSt,mess}}} \tag{A.70}$$

$$c_{\rho_{\mathrm{SSt}}} = \left[\frac{\partial(\lambda_{\mathrm{eff,St}})}{\partial(\rho_{\mathrm{SSt}})}\right]_{\dot{m}_{\mathrm{eff,mess}}, f_{\mathrm{A,mess}}, \rho_{\mathrm{SSt,mess}}} = -\frac{\dot{m}_{\mathrm{eff,mess}}}{V_{\mathrm{Hub}} \cdot z \cdot f_{\mathrm{A,mess}} \cdot \rho_{\mathrm{SSt,mess}}^2}. \tag{A.71}$$

Die Messunsicherheit der Drehzahlerfassung durch motorintegrierte Hall-Schalter wird nach Gleichung A.52 berücksichtigt. Für die Standardmessunsicherheit der Dichtebestimmung gilt

$$u_{\rho_{\mathrm{CO_2}}} = \sqrt{u_{\rho_{\mathrm{CO_2,SW}}}^2 + u_{\rho_{\mathrm{CO_2,F}}}^2}. \tag{A.72}$$

Es gilt für die Unsicherheit der Dichtebestimmung auf der Hochdruck- und Saugdruckseite

$$u_{\rho_{\mathrm{HSt}}} = u_{\rho_{\mathrm{SSt}}} = u_{\rho_{\mathrm{CO_2}}}. \tag{A.73}$$

Die Unsicherheit der Dichteberechnung für eine maximale Abweichung der Berechnung der Dichte für das Kältemittel CO_2 nach Span und Wagner [129] für den relevanten Betriebsdruck von 25 bis 125 bar und Betriebstemperaturbereich von 0 bis 160 °C wird mit ±0,05 % berücksichtigt

$$u_{\rho_{\mathrm{CO_2,SW}}} = \frac{2}{\sqrt{12}} \cdot a_{\rho_{\mathrm{CO_2,SW}}} \approx 0,58 \cdot 0,0005 \cdot \rho_{\mathrm{CO_2,mess}}. \tag{A.74}$$

Für die Abweichung der Dichteberechnung aufgrund von Messunsicherheiten der Druck- und Temperaturmessung gilt unter Berücksichtigung einer Rechteckverteilung

$$u_{\rho_{\mathrm{CO_2,F}}} = a_{\rho_{\mathrm{CO_2,F}}} = 0,025 \cdot \rho_{\mathrm{CO_2,mess}} \tag{A.75}$$

mit einer Unsicherheit der Dichteberechnung in Höhe von ±2,5 % für die oben erwähnten relevanten Betriebsbedingungen. Für die dabei zugrunde liegende Gesamt-Standardmessunsicherheit der Druckmessung gilt

$$u_{P_{\mathrm{ges}}} = \sqrt{u_{\mathrm{PTC}}^2 + u_{\mathrm{PT0}}^2 + u_{\mathrm{PLin/Hys}}^2 + u_{\mathrm{PLang}}^2}. \tag{A.76}$$

Mit der Unsicherheit der Druckmessung aufgrund von Temperaturabweichungen bezüglich des Kennwertes und des Nullpunktes im Messbetrieb, referenziert zur Kalibriertemperatur ($T_{\mathrm{mess}} = T_{\mathrm{kal}}$), gilt unter Annahme einer Rechteckverteilung [6]

$$u_{\mathrm{PTC}} = \frac{2}{\sqrt{12}} \cdot a_{\mathrm{PTC}} \approx 0,58 \cdot \frac{0,003 \cdot p_{\mathrm{DS,Nenn}} \cdot |T_{\mathrm{mess}} - T_{\mathrm{kal}}|}{10\,\mathrm{K}} \tag{A.77}$$

$$u_{\mathrm{PT0}} = \frac{2}{\sqrt{12}} \cdot a_{\mathrm{PT0}} \approx 0,58 \cdot \frac{0,003 \cdot p_{\mathrm{DS,Nenn}} \cdot |T_{\mathrm{mess}} - T_{\mathrm{kal}}|}{10\,\mathrm{K}}. \tag{A.78}$$

Mit der kombinierten Messunsicherheit aufgrund von Linearitäts-, Hysterese und Wiederholgenauigkeitsabweichungen gilt unter Annahme einer Rechteckverteilung [6]

$$u_{p_{Lin/Hys}} = \frac{2}{\sqrt{12}} \cdot a_{p_{Lin/Hys}} \approx 0,58 \cdot 0,005 \cdot p_{DS,Nenn} \qquad (A.79)$$

sowie der Messunsicherheit als Einfluss der Langzeitstabilität des Sensors

$$u_{p_{Lang}} = \frac{2}{\sqrt{12}} \cdot a_{p_{Lang}} \approx 0,58 \cdot 0,001 \cdot p_{DS,Nenn} \qquad (A.80)$$

für den relevanten Zeitpunkt der Gerätekalibrierung [6]. Der Nenndruck der verwendeten Sensoren ist mit 160 bar zu berücksichtigen. Die Grenzabweichung der Temperaturmessung mit Thermoelementen vom Typ K im Messbereich von (-40 bis $1000\,°C$) wird mit $\pm1.5\,K$ für die oben erwähnte Bestimmung der Messunsicherheit der Dichtebestimmung berücksichtigt [117]

$$u_T = \frac{2}{\sqrt{12}} \cdot a_T \approx 0.87\,K. \qquad (A.81)$$

Für die erweiterte Standardmessunsicherheit gilt schließlich

$$U_{\lambda_{eff,St}} = k \cdot u_{\lambda_{eff,St}}. \qquad (A.82)$$

Es gilt für die relative Gesamt-Standardmessunsicherheit

$$w_{\lambda_{eff,St}} = \left[\frac{u_{\lambda_{eff,St}}}{\lambda_{eff,St}} \right]_{\dot{m}_{eff,mess}, f_{A,mess}, \rho_{SSt,mess}}. \qquad (A.83)$$

A.2.2 Klemmengütegrad

Die Gesamt-Standardmessunsicherheit ergibt sich für den Klemmengütegrad nach Gleichung 2.46 zu

$$u_{\eta_{isen,Kl}}(\dot{m}_{eff}, h_{DSt,isen}, h_{SSt}, P_{DC,r}) = \sqrt{\begin{aligned}&c_{\dot{m}_{eff}}^2 \cdot u_{\dot{m}_{eff}}^2 + c_{h_{DSt,isen}}^2 \cdot u_{h_{DSt,isen}}^2 + c_{h_{SSt}}^2 \cdot u_{h_{SSt}}^2 \\ &+ c_{P_{DC,r}}^2 \cdot u_{P_{DC,r}}^2\end{aligned}} \qquad (A.84)$$

mit

$$c_{\dot{m}_{eff}} = \left[\frac{\partial(\eta_{isen,Kl})}{\partial(\dot{m}_{eff})} \right]_{h_{DSt,isen,mess}, h_{SSt,mess}, \dot{m}_{eff,mess}, P_{DC,r,mess}} = \frac{h_{DSt,isen} - h_{SSt}}{P_{DC,r}} \qquad (A.85)$$

$$c_{h_{DSt,isen}} = \left[\frac{\partial(\eta_{isen,Kl})}{\partial(h_{DSt,isen})} \right]_{h_{DSt,isen,mess}, h_{SSt,mess}, \dot{m}_{eff,mess}, P_{DC,r,mess}} = \frac{\dot{m}_{eff}}{P_{DC,r}} \qquad (A.86)$$

$$c_{h_{SSt}} = \left[\frac{\partial(\eta_{isen,Kl})}{\partial(h_{SSt})} \right]_{h_{DSt,isen,mess}, h_{SSt,mess}, \dot{m}_{eff,mess}, P_{DC,r,mess}} = -\frac{\dot{m}_{eff}}{P_{DC,r}} \qquad (A.87)$$

$$c_{P_{\mathrm{DC,r}}} = \left[\frac{\partial(\eta_{\mathrm{isen,Kl}})}{\partial(P_{\mathrm{DC,r}})}\right]_{h_{\mathrm{DSt,isen,mess}},\,h_{\mathrm{SSt,mess}},\,\dot{m}_{\mathrm{eff,mess}},\,P_{\mathrm{DC,r,mess}}} = -\frac{\dot{m}_{\mathrm{eff}}\cdot(h_{\mathrm{DSt,isen}}-h_{\mathrm{SSt}})}{P_{\mathrm{DC,r}}^2}. \quad (A.88)$$

Die Standardmessunsicherheit der Massenstrommessung wird nach Gleichung A.57 berücksichtigt. Für die Standardmessunsicherheit der Enthalpiebestimmung gilt

$$u_h = \sqrt{u_{h_{\mathrm{SW}}}^2 + u_{h_{\mathrm{F}}}^2}. \quad (A.89)$$

Für die Enthalpieberechnung auf der Hochdruck- und der Saugdruckseite werden die gleichen Unsicherheiten berücksichtigt

$$u_{h_{\mathrm{DSt}}} = u_{h_{\mathrm{SSt}}} = u_h. \quad (A.90)$$

Die Unsicherheit der Enthalpieberechnung für das Kältemittel CO_2 nach Span und Wagner [129] für den relevanten Betriebsdruck- von 25 bis 125 bar und Betriebstemperaturbereich von 0 bis 160 °C ergibt sich zu $\pm 1{,}5\ \%$

$$u_{h_{\mathrm{SW}}} = \frac{2}{\sqrt{12}}\cdot u_{h_{\mathrm{SW}}} \approx 0{,}58\cdot 0{,}015\cdot h_{\mathrm{mess}}. \quad (A.91)$$

Für eine Abweichung der Enthalpieberechnung von $\pm 0{,}4\ \%$ aufgrund von Messunsicherheiten der Druck- und Temperaturmessung gilt unter Annahme einer Rechteckverteilung

$$u_{h_{\mathrm{F}}} = a_{h_{\mathrm{F}}} = 0{,}004\cdot h_{\mathrm{mess}}. \quad (A.92)$$

Für die überlagerten Messunsicherheiten der Druck- und Temperaturmessung werden wiederum Gleichung A.76 und Gleichung A.81 herangezogen. Die Standardmessunsicherheit der Bestimmung der aufgenommenen elektrischen Leistung $P_{\mathrm{DC,r}}$ wird nach Gleichung A.3 berücksichtigt. Für die erweiterte Standardmessunsicherheit des Klemmengütegrades gilt schließlich

$$U_{\eta_{\mathrm{isen,Kl}}} = k\cdot u_{\eta_{\mathrm{isen,Kl}}}. \quad (A.93)$$

Es gilt für die relative Gesamt-Standardmessunsicherheit

$$w_{\eta_{\mathrm{isen,Kl}}} = \left[\frac{u_{\eta_{\mathrm{isen,Kl}}}}{\eta_{\mathrm{isen,Kl}}}\right]_{h_{\mathrm{DSt,isen,mess}},\,h_{\mathrm{SSt,mess}},\,\dot{m}_{\mathrm{eff,mess}},\,P_{\mathrm{DC,r,mess}}}. \quad (A.94)$$

A.2.3 Indizierter isentroper Gütegrad

Die Gesamt-Standardmessunsicherheit ergibt sich für den indizierten isentropen Gütegrad nach Gleichung 2.53 zu

$$u_{\eta_{\mathrm{isen,ind}}}(\dot{m}_{\mathrm{eff}}, h_{\mathrm{DSt,isen}}, h_{\mathrm{SSt}}, P_{\mathrm{ind}}) = \sqrt{\begin{array}{l} c_{\dot{m}_{\mathrm{eff}}}^2\cdot u_{\dot{m}_{\mathrm{eff}}}^2 + c_{h_{\mathrm{DSt,isen}}}^2\cdot u_{h_{\mathrm{DSt,isen}}}^2 + c_{h_{\mathrm{SSt}}}^2\cdot u_{h_{\mathrm{SSt}}}^2 \\ + c_{P_{\mathrm{ind}}}^2\cdot u_{P_{\mathrm{ind}}}^2 \end{array}} \quad (A.95)$$

mit

$$c_{\dot{m}_{\text{eff}}} = \left[\frac{\partial (\eta_{\text{isen,ind}})}{\partial (\dot{m}_{\text{eff}})} \right]_{\dot{m}_{\text{eff,mess}}, h_{\text{DSt,isen,mess}}, h_{\text{SSt,mess}}, P_{\text{ind,mess}}} = \frac{h_{\text{DSt,isen}} - h_{\text{SSt}}}{P_{\text{ind}}} \qquad (\text{A.96})$$

$$c_{h_{\text{DSt,isen}}} = \left[\frac{\partial (\eta_{\text{isen,ind}})}{\partial (h_{\text{DSt,isen}})} \right]_{\dot{m}_{\text{eff,mess}}, h_{\text{DSt,isen,mess}}, h_{\text{SSt,mess}}, P_{\text{ind,mess}}} = \frac{\dot{m}_{\text{eff}}}{P_{\text{ind}}} \qquad (\text{A.97})$$

$$c_{h_{\text{SSt}}} = \left[\frac{\partial (\eta_{\text{isen,ind}})}{\partial (h_{\text{SSt}})} \right]_{\dot{m}_{\text{eff,mess}}, h_{\text{DSt,isen,mess}}, h_{\text{SSt,mess}}, P_{\text{ind,mess}}} = - \frac{\dot{m}_{\text{eff}}}{P_{\text{ind}}} \qquad (\text{A.98})$$

$$c_{P_{\text{ind}}} = \left[\frac{\partial (\eta_{\text{isen,ind}})}{\partial (P_{\text{ind}})} \right]_{\dot{m}_{\text{eff,mess}}, h_{\text{DSt,isen,mess}}, h_{\text{SSt,mess}}, P_{\text{ind,mess}}} = - \frac{\dot{m}_{\text{eff}} \cdot (h_{\text{DSt,isen}} - h_{\text{SSt}})}{P_{\text{ind}}^2}. \qquad (\text{A.99})$$

Die Standardmessunsicherheit der Massenstrommessung wird nach Gleichung A.57 berücksichtigt. Die Standardmessunsicherhit der Enthalpiebestimmung für den Druck- und Saugstutzen wird nach Gleichung A.89 beschrieben. Die Standardmessunsicherheit der indizierten Leistung wird nach Gleichung A.44 beschrieben. Für die erweiterte Standardmessunsicherheit des indizierten isentropen Gütegrades gilt schließlich

$$U_{\eta_{\text{isen,ind}}} = k \cdot u_{\eta_{\text{isen,ind}}}. \qquad (\text{A.100})$$

Es gilt für die relative Gesamt-Standardmessunsicherheit

$$w_{\eta_{\text{isen,ind}}} = \left[\frac{u_{\eta_{\text{isen,ind}}}}{\eta_{\text{isen,ind}}} \right]_{\dot{m}_{\text{eff,mess}}, h_{\text{DSt,isen,mess}}, h_{\text{SSt,mess}}, P_{\text{ind,mess}}}. \qquad (\text{A.101})$$

A.2.4 Füllgrad

Nach Gleichung 2.39 gilt für die Standardmessunsicherheit des Füllgrades unter Berücksichtigung der Saugventilverluste

$$u_{\mu'}(V_1, V_4', V_3) = \sqrt{c_{V_1}^2 \cdot u_{V_1}^2 + c_{V_4'}^2 \cdot u_{V_4'}^2 + c_{V_3}^2 \cdot u_{V_3}^2} \qquad (\text{A.102})$$

sowie

$$u_{\mu'}(V_{\text{ind}}, V_{\text{Hub}}) = \sqrt{c_{V_{\text{ind}}'}^2 \cdot u_{V_{\text{ind}}'}^2 + c_{V_{\text{Hub}}}^2 \cdot u_{V_{\text{Hub}}}^2}. \qquad (\text{A.103})$$

Die in Abbildung 2.6 angegebenen charakteristischen Volumina zur Bestimmung des Füllgrades stellen jeweils überlagerte komplexe nichtlineare Abhängigkeiten zwischen der Kolben-OT- und der Antriebswelle-Drehwinkel-Bestimmung dar. Die Messunsicherheit des Füllgrades unter Berücksichtigung von Ventilverlusten – basierend auf der Messunsicherheit der Kolben-OT- und Drehwinkelmessung – wird daher numerisch bestimmt. Abbildung A.3 zeigt die Messunsicherheit des Füllgrades unter Berücksichtigung der Messunsicherheit der Kolben-OT bzw. Drehwinkelerfassung nach Gleichung A.47. Der arithmetische Mittelwert der betrachteten Standardmessunsicherheit des Füllgrades beträgt 2,3(±1,3) %. Der Einfluss der Drehzahl- und Druckverhältnisabhängigkeit auf die Messunsicherheit kann

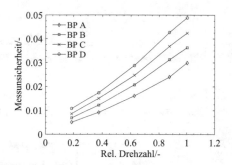

Abbildung A.3: Standardmessunsicherheit des Füllgrades für verschiedene Druckverhältnisse in Abhängigkeit von der relativen Verdichterdrehzahl bei sechs Prozent OCR (vgl. Abschnitt 5.1)

wiederum über Korrekturfaktoren berücksichtigt werden

$$u_{\mu'} = a_{\mu'} - 0,0168 \cdot f_{A,rel} \cdot 11 \cdot C_{f_{A,rel}} \cdot C_{\Pi} \cdot \mu'_{mess}, \qquad (A.104)$$

Dabei wurde eine Rechteckverteilung für die Messunsicherheit der Druck- und Temperaturmessung angenommen. Die Korrekturfaktoren nach Gleichung A.104 zeigt Tabelle A.3.

Tabelle A.3: Korrekturfaktoren Drehzahl und Druckverhältnis

BP	$\Pi/-$	$C_\Pi/-$	$C_{f_{A,rel}}/-$
A	1,60	1,00	$0,0349 \cdot f_{A,rel} + 0,9312$
B	2,14	1,01	$-0,1149 \cdot f_{A,rel} + 0,9351$
C	2,62	1,04	$0,1505 \cdot f_{A,rel} + 0,9049$
D	3,00	1,13	$-0,0518 \cdot f_{A,rel} + 0,9437$

Für die erweiterte Standardmessunsicherheit gilt schließlich

$$U_{\mu'} = k \cdot u_{\mu'}. \qquad (A.105)$$

Es gilt für die relative Gesamt-Standardmessunsicherheit

$$w_{\mu'} = \left[\frac{u_{\mu'}}{\mu'} \right]_{\varphi(OT)_{ges,mess}}. \qquad (A.106)$$

A.3 Bestimmung der erweiterten Standardmessunsicherheit der Ölumlaufrate

Für die Standardmessunsicherheit der Ölumlaufrate (OCR) gilt nach Gleichung 4.1

$$u_{OCR}(\dot{V}_{Oel}, \rho_{Oel}, \dot{m}_{KM}) = \sqrt{c_{\dot{V}_{Oel}}^2 \cdot u_{\dot{V}_{Oel}}^2 + c_{\rho_{Oel}}^2 \cdot u_{\rho_{Oel}}^2 + c_{\dot{m}_{KM}}^2 \cdot u_{\dot{m}_{KM}}^2} \qquad (A.107)$$

mit

$$c_{\dot{V}_{\text{Oel}}} = \left[\frac{\partial(OCR)}{\partial(\dot{V}_{\text{Oel}})}\right]_{\dot{V}_{\text{Oel,mess}},\,\rho_{\text{Oel,mess}},\,\dot{m}_{\text{KM,mess}}} = \frac{\rho_{\text{Oel}} \cdot \dot{m}_{\text{KM}}}{\left(\dot{V}_{\text{Oel}} \cdot \rho_{\text{Oel}} + \dot{m}_{\text{KM}}\right)^2} \qquad (A.108)$$

$$c_{\rho_{\text{Oel}}} = \left[\frac{\partial(OCR)}{\partial(\rho_{\text{Oel}})}\right]_{\dot{V}_{\text{Oel,mess}},\,\rho_{\text{Oel,mess}},\,\dot{m}_{\text{KM,mess}}} = \frac{\dot{V}_{\text{Oel}} \cdot \dot{m}_{\text{KM}}}{\left(\dot{V}_{\text{Oel}} \cdot \rho_{\text{Oel}} + \dot{m}_{\text{KM}}\right)^2} \qquad (A.109)$$

$$c_{\dot{m}_{\text{KM}}} = \left[\frac{\partial(OCR)}{\partial(\dot{m}_{\text{KM}})}\right]_{\dot{V}_{\text{Oel,mess}},\,\rho_{\text{Oel,mess}},\,\dot{m}_{\text{KM,mess}}} = -\frac{\dot{V}_{\text{Oel}} \cdot \rho_{\text{Oel}}}{\left(\dot{V}_{\text{Oel}} \cdot \rho_{\text{Oel}} + \dot{m}_{\text{KM}}\right)^2}. \qquad (A.110)$$

Für die Unsicherheit der Dichte-Bestimmung des Öls ist die Messunsicherheit der Bestimmung des Massenanteils von Kältemittel in Öl anhand der Druckmessung nach Gleichung A.76 und der Temperaturmessung nach Gleichung A.81 einzubeziehen

$$u_{\rho_{\text{Oel}}} = \sqrt{u_{\rho_{\omega_{\text{KM}}}}^2 + u_{\rho_{\text{T}}}^2}. \qquad (A.111)$$

Es gelten wiederum unter der Annahme einer Rechteckverteilung für die Messunsicherheit der Druck- und Temperaturmessung im Temperaturbereich von 20 bis 100 °C und im Druckbereich von 4 bis 150 bar für das Öl Zerol® RFL 68-EP

$$u_{\rho_{\omega_{\text{KM}}}} = a_{\rho_{\omega_{\text{KM}}}} = 0,0046 \cdot \rho_{\text{Oel,mess}} \qquad (A.112)$$

$$u_{\rho_{\text{T}}} = a_{\rho_{\text{T}}} = 0,0046 \cdot \rho_{\text{Oel,mess}}. \qquad (A.113)$$

Damit ergibt sich für die Grenzabweichung der Dichtebestimmung ein Wert von $\pm 0{,}66\,\%$. Für einen Viskositätsbereich ab $20\,\text{mm}^2/\text{s}$ gilt [80]

$$u_{\dot{V}_{\text{Oel}}} = \frac{2}{\sqrt{12}} \cdot a_{\dot{V}_{\text{Oel}}} \approx 0,58 \cdot 0,003 \cdot \dot{V}_{\text{Oel,mess}}. \qquad (A.114)$$

Für die erweiterte Standardmessunsicherheit der OCR-Bestimmung gilt

$$U_{\text{OCR}} = k \cdot u_{\text{OCR}}. \qquad (A.115)$$

Für die relative Standardmessunsicherheit gilt

$$w_{\text{OCR}} = \left[\frac{u_{\text{OCR}}}{OCR}\right]_{\dot{V}_{\text{Oel,mess}},\,\rho_{\text{Oel,mess}},\,\dot{m}_{\text{KM,mess}}}. \qquad (A.116)$$

A.4 Bestimmung der erweiterten Standardmessunsicherheit des Druckes

Nach Gleichung 2.21 gilt für die Standardmessunsicherheit des Druckverhältnisses

$$u_{\Pi}(p_{\text{DSt}}, p_{\text{SSt}}) = \sqrt{c_{p_{\text{DSt}}}^2 \cdot u_{p_{\text{DSt}}}^2 + c_{p_{\text{SSt}}}^2 \cdot u_{p_{\text{SSt}}}^2} \qquad (A.117)$$

mit

$$c_{\text{pDSt}} = \left[\frac{\partial (\Pi)}{\partial (p_{\text{DSt}})} \right]_{p_{\text{DSt,mess}}, p_{\text{SSt,mess}}} = \frac{1}{p_{\text{SSt}}} \qquad (A.118)$$

$$c_{\text{pSSt}} = \left[\frac{\partial (\Pi)}{\partial (p_{\text{SSt}})} \right]_{p_{\text{DSt,mess}}, p_{\text{SSt,mess}}} = -\frac{p_{\text{DSt}}}{p_{\text{SSt}}^2}. \qquad (A.119)$$

Die Messunsicherheit der Druckmessung wird dabei nach Gleichung A.76 berücksichtigt. Für die im Rahmen dieser Arbeit betrachteten Betriebspunkte gelten die Messunsicherheiten des Druckverhältnisses nach Tabelle A.4. Für die erweiterte Standardmessunsicherheit des

Tabelle A.4: Korrekturfaktoren Drehzahl und Druckverhältnis

BP	$\Pi/-$	$u_{p_{\text{DSt}}}/\text{bar}$	$u_{p_{\text{SSt}}}/\text{bar}$	$u_{\Pi_{\text{SSt}}}/-$
A	1,60	0,616	0.616	0,023
B	2,14	0,616	0,616	0,042
C	2,62	0,616	0,616	0,043
D	3,00	0,616	0,616	0,056

Druckverhältnisses gilt

$$U_{\Pi} = k \cdot u_{\Pi}. \qquad (A.120)$$

Es gilt für die relative Gesamt-Standardmessunsicherheit

$$w_{\Pi} = \left[\frac{u_{\Pi}}{\Pi} \right]_{p_{\text{DSt,mess}}, p_{\text{SSt,mess}}}. \qquad (A.121)$$

A.5 Bestimmung der erweiterten Standardmessunsicherheit bei Wiederholung

Für n Messwerte gilt für die Stichprobe einer Grundgesamtheit für die empirische Standardabweichung des Schätzwertes der Ergebnisgröße y [26]

$$\bar{y}_{\sigma,\text{n}} = \sqrt{\frac{1}{n-1} \cdot \sum_{i=1}^{n} (y_\text{i} - \bar{y})^2}. \qquad (A.122)$$

Damit resultiert für die Standardmessunsicherheit als Standardabweichung des Mittelwertes [26]

$$u_\text{y} = \frac{\bar{y}_{\sigma,\text{n}}}{\sqrt{n}}. \qquad (A.123)$$

Für die erweiterte Standardmessunsicherheit gilt weiterhin allgemein

$$U_\text{y} = k \cdot u_\text{y}. \qquad (A.124)$$

In Abhängigkeit vom Stichprobenumfang werden für den Erweiterungsfaktor k die Werte aus Tabelle A.5 angenommen.

Tabelle A.5: Erweiterungsfaktoren k für die erweitere Standardmessunsicherheit für ein 2σ-Niveau in Abhängigkeit von der Wiederholungsanzahl n für die Student'sche t-Verteilung [26]

n	k
2	13,968
3	4,527
4	3,307
5	2,869
6	2,649
7	2,517
8	2,429
9	2,366
10	2,320
15	2,195

A.6 Bestimmung der erweiterten Standardmessunsicherheit der Ventilmessung

Die Standardmessunsicherheit der Ventilkraftmessung der Ventilparameter nach Unterabschnitt B.4 ergibt sich für die Annahme einer Rechteckverteilung zu [151]

$$u_F = \frac{2}{\sqrt{12}} \cdot a_F \approx 0,58 \cdot 0,002 \cdot u_{F,\text{Nenn}}. \tag{A.125}$$

Für die erweiterte Standardmessunsicherheit gilt

$$U_F = k \cdot u_F. \tag{A.126}$$

Für die relative Standardmessunsicherheit gilt

$$w_F = \left[\frac{u_F}{F} \right]_{F_{\text{mess}}}. \tag{A.127}$$

A.7 Verwendete Messinstrumente der experimentellen Untersuchungen

Tabelle A.6: Übersicht der verwendeten Messinstrumente mit Angabe der Messunsicherheit (MW: Vom Messwert, EW: Vom Messbereichsendwert)

Messgröße	Hersteller	Modell	Messunsicherheit
		Verdichterprüfstand	
Drehmoment	Magtrol GmbH	TM309	$\pm0{,}1$ % EW
Drehzahl (digitaler Hall-Schalter)	Honeywell International Inc.	SS461 A	$\pm0{,}02$ % K^{-1} MW
Drehzahl (externe Wellenausführung)	Pepperl & Fuchs GmbH	MNI40N	$\pm4{,}6$E-5 % MW
(Phasen-)Spannung	Teledyne LeCroy GmbH	HVD3106	±1 % MW
(Phasen-)Strom	Teledyne LeCroy GmbH	CP030	±1 % MW
Kältemittelmassenstrom	Emerson Electric Company	Micro Motion ELITE series	$\pm0{,}1$ % MW
Ölvolumenstrom	Kobold Messring GmbH	DZR-1001SI0E-I0	$\pm0{,}3$ % MW
Wasservolumenstrom	Kobold Messring GmbH	MIK-5NA25AC34P	±2 % EW
Druck	Baumer GmbH	PDRx	$\pm0{,}5$ % EW
Druck (Zylinder)	Kulite Semiconductor Products Inc.	XTEL190(m)	$\pm0{,}5$ % EW
Temperatur	Roessel-Messstechnik GmbH	ALSTE-KB Thermoelement Typ K	$\pm1{.}5$ K MW
Temperatur (Zylinder)	Kulite Semiconductor Products Inc.	XTEL190(m)	±4 K MW
		Ergänzend Blowby-Messung	
Kältemittelmassenstrom	Endress+Hauser AG	Promass 83	$\pm0{,}5$ % MW
		Ergänzend Komponentenprüfstand (Ventil-Leckagemessung)	
Kältemittelmassenstrom	Emerson Electric Company	CMFS015P	$\pm0{,}25$ % MW
Kraft	Zwick GmbH & Co. KG	Kraftaufnehmer Xforce HP	$\pm0{,}2$ % EW
Druck	Druck- und Durchflussmesstechnik GmbH	PX-25H	$\pm0{,}5$ % EW

B Ergänzende Daten zur Verdichter-Modellierung

Nachstehend werden weiterführende Daten zur Verdichter-Modellierung nach Kapitel 3 aufgeführt. Es werden ergänzende Zusammenhänge der Beschreibung der Wärmeübertragung im Zylinder und der Kolbenringdynamik dargestellt. Weiterführend werden die spezifischen Beschreibungsansätze der Stoffeigenschaften von CO_2-Öl-Gemischen nach Seeton [124] aufgeführt. Abschließend werden die Parameter des Saug- und Druckventilmodells beschrieben.

B.1 Wärmeübertragung im Zylinder

Für den Wärmeübergang am Zylinder wird folgende Korrelation der Nußelt-Zahl nach Disconzi et al. [29] zugrunde gelegt

$$Nu(t) = a(t) \cdot Re^{h(t)}(t) \cdot Pr^{a(t)}(t). \tag{D.1}$$

Es gelten die Parameter nach Tabelle B.1.

Tabelle B.1: Wärmeübergangsbeziehungen am Zylinder nach Disconzi et al. [29]

Vorgang	Re-Zahl	Parameter
Kompression	$Re(t) = \frac{\rho(t) \cdot d_{Zyl} \cdot \bar{x}}{\eta(t)}$	$a = 0,08;\ b = 0,8;\ c = 0,6$
Ausschieben	$Re(t) = \frac{\rho(t) \cdot d_{Zyl} \cdot \left(\bar{x} + \bar{x}^{0,8} \cdot \dot{x}_{char}(t)^{0,2}\right)}{\mu(t)}$	$a = 0,08;\ b = 0,8;\ c = 0,6$
Expandieren	$Re(t) = \frac{\rho(t) \cdot d_{Zyl} \cdot \bar{x}}{\mu(t)}$	$a = 0,12;\ b = 0,8;\ c = 0,6$
Ansaugen	$Re(t) = \frac{\rho(t) \cdot d_{Zyl} \cdot \left(\bar{x} + 2 \cdot \bar{x}^{-0,4} \cdot \dot{x}_{char}(t)^{1,4}\right)}{\eta(t)}$	$a = 0,08;\ b = 0,9;\ c = 0,6$

Für die Nußelt-Zahl gilt

$$Nu = \frac{\alpha \cdot l}{\lambda}. \tag{B.2}$$

Für die Prandtl-Zahl gilt

$$Pr = \frac{\eta \cdot c_p}{\lambda}. \tag{B.3}$$

Für die mittlere translatorische Geschwindigkeit des Kolbens gilt

$$\bar{x} = 2 \cdot x_{max} \cdot f_A. \tag{B.4}$$

Die charakteristische Geschwindigkeit wird beschrieben durch

$$\dot{x}_{char}(t) = \frac{dm_{Zyl}(t)}{dt} \cdot \frac{1}{\rho(t) \cdot A_{Zyl}(t)}. \tag{B.5}$$

© Springer Fachmedien Wiesbaden GmbH, ein Teil von Springer Nature 2018
M. König, *Verlustmechanismen in einem halbhermetischen PKW-CO₂-Axialkolbenverdichter*, AutoUni – Schriftenreihe 127,
https://doi.org/10.1007/978-3-658-23002-9

B.2 Kolbenringdynamik

Bei konventionellen R-134a-Axialkolbenverdichtern kommen üblicherweise keine Kolbenringe oder auch Kolbenringe aus Polymerwerkstoffen mit geringer Vorspannkraft und geringem Reibleistungsbeitrag zum Einsatz. Aufgrund der hohen absoluten Druckunterschiede
bei der Verwendung von CO_2 als Kältemittel werden typischerweise ein oder mehrere
Kolbenringe mit höherer Vorspannkraft verwendet (vgl. [98]). Die im Rahmen dieser Arbeit untersuchte Verdichterkonfiguration eines elektrisch angetriebenen Taumelscheibenverdichters berücksichtigt zwei Kolbenringe. Die Kolbenringdynamik und -reibung wird
anhand eines vereinfachten eindimensionalen Ansatzes nach Koszalka und Guzik [86] beschrieben. Dabei wird zur Beschreibung der Öl-Verdrängungskraft am Kolbenring ein Rey-
nolds-Ansatz verwendet. Abbildung B.1 zeigt das Schema eines Kolbenrings in der Kolbenringnut mit lokalem mitbewegtem Koordinatensystem am Kolben.

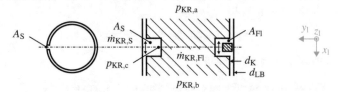

Abbildung B.1: Leckagemassenstrom am Kolbenring-Stoßspiel und an der Kolbenringnut

Das Kräftegleichgewicht am Kolbenring in axialer Richtung ergibt sich im lokalen Koordinatensystem der Ringnut zu

$$\frac{d^2 x_{KR}}{dt^2} = \frac{F_{KR,\Delta p} + F_{K,\ddot{x}} + F_{KR,f} + F_{KR,VR} + F_{KR,Kb}}{m_{KR}}. \tag{B.6}$$

Der Einfluss des sogenannten Ring-Twists (Kolbenring-Verdrehung um die x-Achse) und
der Kolbenringverkippung wird nicht berücksichtigt. Die Kolbenringdynamik wird vereinfachend ausschließlich anhand von Axialkräften relativ zur Ringnut betrachtet.

Abbildung B.2 zeigt die geometrische Parametrisierung des Kolbenrings in gespanntem und
ungespanntem Zustand.

Für die Druckkraft an der oberen und unteren Wirkfläche des Kolbenrings in x-Richtung
gilt

$$F_{KR,\Delta p} = \frac{\pi}{4} \cdot \left(\left(d_{LB}^2 - (d_{KR,a} - 2 \cdot b_{KR})^2 \right) \cdot (p_{KR,a} - p_{KR,b}) \right). \tag{B.7}$$

Für die Trägheitskraft durch die Kolbenbeschleunigung gilt

$$F_{K,\ddot{x}} = -\ddot{x}_K \cdot m_{KR}. \tag{B.8}$$

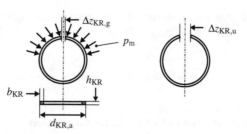

Abbildung B.2: Kolbenring-Geometrie im gespannten (links) und ungespannten Zustand (rechts)

Für die Reibkraft am Kolbenring gilt

$$F_f = -\mu_f \cdot \pi \cdot d_{LB} \cdot h_{KR} \cdot (p_{KR,c} + p_{KR,e}) \tag{B.9}$$

mit

$$\mu_f = 4,8 \cdot \sqrt{\frac{\eta_{Oel} \cdot \dot{x}_K}{h_{KR} \cdot (p_{KR,c} + p_{KR,e})}}. \tag{B.10}$$

Die dynamische Viskosität des Öls ergibt sich nach den Ansätze aus Abschnitt B.3. Für den Ringnut-Druck gilt

$$p_{KR,c} = \frac{p_{KR,a} + p_{KR,b}}{2}. \tag{B.11}$$

Für den Druck, der vom Kolbenring auf die Zylinderlaufbuchse ausgeübt wird, gilt [81]

$$p_{KR,e} = \frac{2 \cdot F_T}{d_{KR,a} \cdot h_{KR}} \tag{B.12}$$

mit der Tangentialkraft [81]

$$F_T = \frac{(\Delta z_{KR,u} - \Delta z_{KR,g}) \cdot (r_m - r_m^*) \cdot h_{KR} \cdot h_{KR} \cdot E}{3 \cdot \pi \cdot r_m^2} \tag{B.13}$$

und dem Flächenschwerpunktradius für einen Rechteckring [81]

$$r_m = \frac{d_{KR,a} - b_{KR}}{2}. \tag{B.14}$$

Für den Flächenschwerpunktradius der neutralen Faser unter Berücksichtigung der Kolbenring-Krümmung [81] gilt

$$r_m^* = \frac{b_{KR}}{\ln\left(\frac{d_{KR,a}}{(d_{KR,a} - 2 \cdot b_{KR})}\right)}. \tag{B.15}$$

Für einen legierten Gusseisenwerkstoff im vergüteten Zustand wird ein mittleres Elastizitätsmodul von 145 GPa berücksichtigt. Für die Öl-Verdrängungskraft in der Ringnut gilt [81]

$$F_{KR,VR} = \beta \cdot \eta_{Oel} \cdot \pi \cdot (d_{LB} - b_{KR}) \cdot \frac{b_{KR}}{x_{Oel}} \cdot \dot{x}_{KR} \tag{B.16}$$

mit dem Korrekturfaktor β zur Berücksichtigung des Fluchtungsfehlers der Kolbenringnut- und der Kolbenringhöhe sowie eine Ungleichverteilung des Öls in der Kolbenringnut. Der Korrekturfaktor β wird mit 0.5 angenommen. Der Parameter x_{Oel} beschreibt die Ölfilmdicke in der Kolbenringnut (x-Richtung). Die Ölfilmdicke wird zu 10 µm angenommen. Die Öl-Klebkraft wird bestimmt gemäß

$$F_{KR,Kb} = F_{KR,Kb,max} \cdot \frac{1 - x_{KR}}{x_{Oel}} \tag{B.17}$$

mit einer Maximal-Klebkraft von 50 mN. Die Reibleistung für eine Anzahl von i Kolbenringen wird beschrieben durch den Zusammenhang

$$P_{f,KR} = \sum_{i=1}^{n_{KR}} F_{f,KR,i} \cdot \dot{x}_{KR,i}. \tag{B.18}$$

Die Beschreibung des Leckagemassenstroms am Kolbenring erfolgt anhand der Massenstrombeziehung für ein strömendes kompressibles Medium nach den Gleichungen 3.15 und 3.16. Der Leckagequerschnitt am Kolbenring ergibt sich aufgrund des Leckagespaltes am Stoßspiel des Kolbenrings A_S und des Überströmens zwischen dem Kolbenring und der Ringnut A_{Fl}. Weiterhin werden für das Gasvolumen im Bereich der Ringnut $p_{KR,c}$ die Massen- (vgl. Gleichung 3.2) und Energiebilanz (vgl. Gleichung 3.4) berücksichtigt.

B.3 Stoffeigenschaften von CO_2-Öl-Gemischen

Für den Massenanteil des Kältemittels eines Kältemittel-Öl-Gemisches gilt

$$\omega_{KM} = \frac{m_{KM}}{m_{Oel} + m_{KM}}. \tag{B.19}$$

Der Dampfdruck eines Kältemittel-Öl-Gemisches ergibt sich nach Seeton [124] in impliziter Form zu

$$\log(p) = a_1 + \frac{a_2}{T} + \frac{a_3}{T^2} + \log(\omega) \cdot \left(a_4 + \frac{a_5}{T} + \frac{a_6}{T^2}\right) + \log^2(\omega) \cdot \left(a_7 + \frac{a_8}{T} + \frac{a_9}{T^2}\right) \tag{B.20}$$

mit den Parametern a_i nach Tabelle B.2. Abbildung B.3 zeigt das Dampfdruckverhalten für ein Gemisch aus CO_2 und dem PAG-Öl Zerol® RFL 68-EP nach Gleichung B.20.

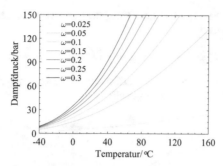

Abbildung B.3: Dampfdruck in Abhängigkeit von der Temperatur für verschiedene CO$_2$-Gemisch-anteile des Öls Zerol® RFL 68-EP

Schulze [123] schlägt zur Beschreibung von Stoffdaten hinsichtlich der Modellierung ther-modynamischer Systeme Spline-Interpolationen höherer Ordnung vor. Dieser Beschreibung-sansatz eignet sich insbesondere auch für die Beschreibung von Dampfdruck und Viskosi-tätseigenschaften von Kältemittel Öl Gemischen. Die kinematische Viskosität ν ergibt sich wiederum nach Seeton [124] in impliziter Form zu

$$\ln\left[\ln\left(\nu + 0.7 + \exp^{-\nu} \cdot K_0 \cdot (\nu + \varphi)\right)\right] = a_1 + a_2 \cdot \ln(T) + a_3 \cdot \ln^2(T) \qquad \text{(B.21)}$$
$$+ \omega \cdot \left(a_4 + a_5 \cdot \ln(T) + a_6 \cdot \log^2(T)\right)$$
$$+ \omega^2 \cdot \left(a_7 + a_8 \cdot \log(T) + a_9 \cdot \log^2(T)\right)$$

mit den Parametern a_i nach Tabelle B.2, der Konstanten $\varphi = 1{,}244067769$ und der Bessel-funktion zweiter Art (0-ter Ordnung) K_0. Abbildung B.4 zeigt die kinematische Viskosität des Kältemittel-Öl-Gemisches in Abhängigkeit von der Temperatur nach Gleichung B.21.

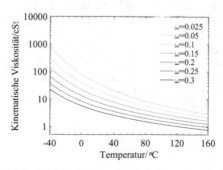

Abbildung B.4: Viskosität in Abhängigkeit von der Temperatur für verschiedene (CO$_2$)-Gemisch-anteile des Öls Zerol® RFL 68-EP

Die Stoffdichte des Kältemittel-Öl-Gemisches kann wiederum durch einen Ansatz nach Seeton [124] berechnet werden

$$\rho = a_1 + a_2 \cdot T + a_3 \cdot T^2 + \omega \cdot (a_4 + a_5 \cdot T + a_6 \cdot T^2) + \omega^2 \cdot (a_7 + a_8 \cdot T + a_9 \cdot T^2) \quad \text{(B.22)}$$

mit den Parametern a_i nach Tabelle B.2. Der Stoffdichte-Temperatur-Zusammenhang ist in Abbildung B.5 nach Gleichung B.22 dargestellt.

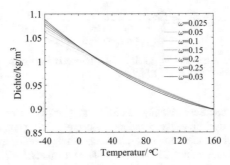

Abbildung B.5: Stoffdichte in Abhängigkeit von der Temperatur und des (CO_2)-Gemischanteils des Öls Zerol® RFL 68-EP

Tabelle B.2 zeigt die Parameter zur Beschreibung des Dampfdruckes, der Schmierstoffviskosität und der Stoffdichte in der Übersicht.

Tabelle B.2: Parameter für ein Öl-CO_2-Gemisch mit dem Öl Zerol® RFL 68-EP [124]

Koeffizient	Dampfdruck	Dichte	Kinematische Viskosität
a_1	4.89572	1.25133	1.67963×10^{-3}
a_2	-6.29159×10^2	-9.31692×10^4	-2.67093
a_3	-6.19063×10^{-4}	2.42342×10^{-7}	0
a_4	$1,47965$	7.40002×10^{-1}	$-5,35526$
a_5	-2.21162×10^2	-3.55089	3.66367
a_6	-2.08350×10^4	4.45826×10^{-6}	0
a_7	4.60196×10^{-2}	7.68798×10^{-1}	3.54251×10^1
a_8	-3.26891×10^1	-5.84693×10^3	-6.37362
a_9	-2.45598×10^3	9.01535×10^{-6}	0

B.4 Ersatzparameter des Ventilmodells

Die folgenden Abbildungen zeigen die Ersatzparameter des Saug- (vgl. Abbildung B.6 und Abbildung B.7) und Druckventilmodells (vgl. Abbildung B.8 und Abbildung B.9) im untersuchten elektrisch angetriebenen Taumelscheibenverdichter. Das Ventilmodell ist in Unterabschnitt 3.2.6 beschrieben.

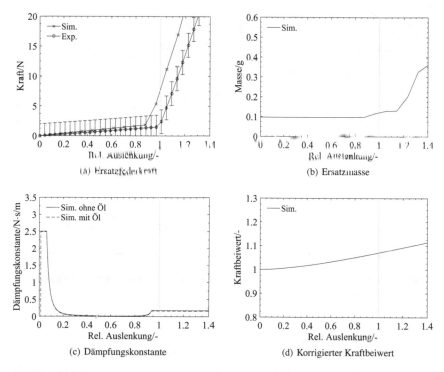

Abbildung B.6: Ersatzparameter des Saugventils unter Berücksichtigung der Niederhalterinteraktion für ein Konfidenzniveau der experimentellen Ergebnisse von 2σ

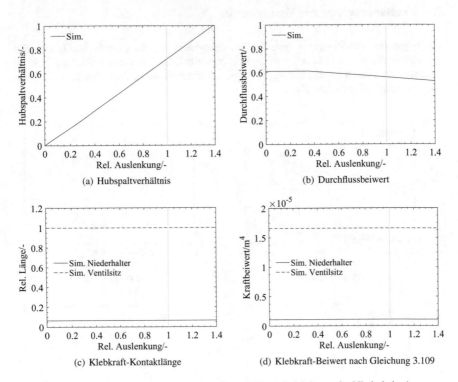

(a) Hubspaltverhältnis

(b) Durchflussbeiwert

(c) Klebkraft-Kontaktlänge

(d) Klebkraft-Beiwert nach Gleichung 3.109

Abbildung B.7: Ersatzparameter des Saugventils unter Berücksichtigung der Niederhalterinteraktion

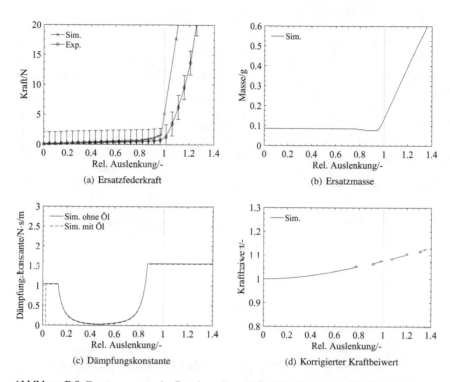

Abbildung B.8: Ersatzparameter des Druckventils unter Berücksichtigung der Niederhalterinteraktion für ein Konfidenzniveau der experimentellen Ergebnisse von 2σ

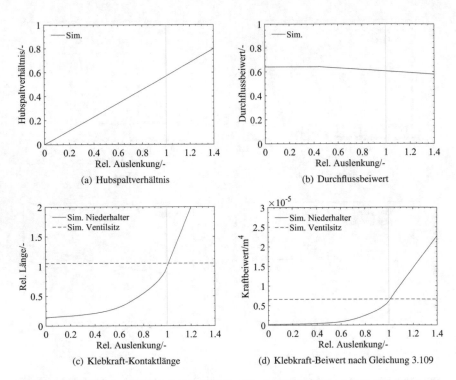

(a) Hubspaltverhältnis

(b) Durchflussbeiwert

(c) Klebkraft-Kontaktlänge

(d) Klebkraft-Beiwert nach Gleichung 3.109

Abbildung B.9: Ersatzparameter des Druckventils unter Berücksichtigung der Niederhalterinteraktion

C Ergänzende Daten zur experimentellen Methodik

Die folgenden Darstellungen ergänzen die Ergebnisse der Leckageuntersuchung am Zylinder des Verdichters (Blowby-Messung) nach Abschnitt 5.2 um die Beschreibung der experimentellen Methodik.

C.1 Prüfstandskonfiguration der Leckagemessung an den Kolbenringen

Abbildung C.1 zeigt die Anlagenverschaltung der Blowby-Messung am Verdichterprüfstand.

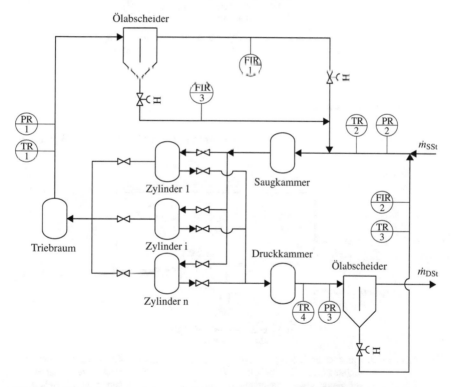

Abbildung C.1: Anlagenverschaltung zur Leckage-Massenstromuntersuchung an den Kolbenringen (Blowby-Messung) im R-I-Fließschema nach DIN EN 1861 [37]

© Springer Fachmedien Wiesbaden GmbH, ein Teil von Springer Nature 2018
M. König, *Verlustmechanismen in einem halbhermetischen*
PKW-CO$_2$-Axialkolbenverdichter, AutoUni – Schriftenreihe 127,
https://doi.org/10.1007/978-3-658-23002-9

Die Ergebnisse des Vergleiches zwischen zwei unterschiedlichen Messverfahren zur Bewertung des Blowby-Massenstromes am Zylinder zeigt Abbildung C.2.

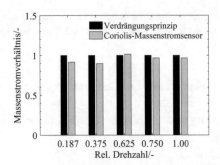

Abbildung C.2: Gegenüberstellung verschiedener Messprinzipien der Leckage-Massenstrommessung an den Kolbenringen (Blowby-Messung)

C.2 Prüfstandskonfiguration der Ventil-Leckagemessung am

Die Anlagenverschaltung zur Bestimmung der Ventilleckage ist in Abbildung C.3 dargestellt.

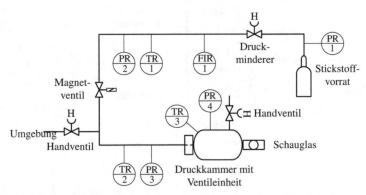

Abbildung C.3: Anlagenverschaltung des Komponentenprüfstandes zur Ventil-Leckageunter-
suchung im R-I-Fließschema nach DIN EN 1861 [37]. Der Aufbau erfolgt in
Anlehnung an die Prüfstandskonfiguration des Ventilprüfstands nach Lemke et
al. [92]

D Ergänzende Daten zur experimentellen Untersuchung des Verdichters

Nachfolgend werden weiterführende ergänzende Daten zu den erfolgten experimentellen Untersuchungen nach Kapitel 5 angegeben. Es werden darüber hinaus weiterführende Ergebnisse zur experimentellen Leistungsmessung am elektrischen Antriebsstrang des Verdichters und am Gesamt-Verdichter aufgeführt.

D.1 Parametrisierung des elektrischen Antriebsstrang-Modells

Tabelle D.1 zeigt die Parametrisierung des elektrischen Antriebsstranges im Verdichtermodell nach Abschnitt 3.3.

Tabelle D.1: Abgeleitete Koeffizienten zur Charakterisierung des elektrischen Antriebsstrang-Modells nach Gleichung 3.111

Koeffizient	Relative Drehzahl/-				
	0,187	0,375	0,625	0,750	1,000
Leistungselektronik					
a_1	−0.01909	−0.00661	−0.00650	−0.00360	−0.00218
a_2	0.12154	0.04870	0.05605	0.03321	0.02114
a_3	0.52058	0.71521	0.74645	0.81916	0.85726
E-Motor					
a_1	−0.01282	−0.00497	−0.00515	−0.00134	0.00017
a_2	0.05733	0.02577	0.03797	0.00849	−0.00758
a_3	0.80098	0.86409	0.84555	0.91899	0.96756
Antriebsstrang (E-Motor & Leistungselektronik)					
a_1	−0.01013	−0.00234	−0.00175	−0.00246	−0.00250
a_2	0.08891	0.02837	0.02177	0.02670	0.03043
a_3	0.65709	0.83012	0.88791	0.89277	0.88315

© Springer Fachmedien Wiesbaden GmbH, ein Teil von Springer Nature 2018
M. König, *Verlustmechanismen in einem halbhermetischen PKW-CO$_2$-Axialkolbenverdichter*, AutoUni – Schriftenreihe 127,
https://doi.org/10.1007/978-3-658-23002-9

D.2 Verdichtungscharakteristik bei Drehzahl- und Druckverhältnisvariation

Weiterhin sind der indizierte isentrope Gütegrad sowie der Klemmengütegrad in Ergänzung zu den Darstellungen nach Unterabschnitt 5.4.3 auch unter Berücksichtigung der Standard-messunsicherheit der genannten Bewertungskenngrößen in den Abbildungen D.1 bzw. D.2 aufgeführt.

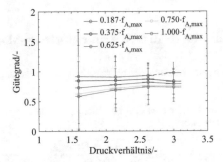

Abbildung D.1: Indizierter isentroper Gütegrad in Abhängigkeit von der Relativdrehzahl und des Verdichtungsdruckverhältnisses für die Betriebspunkte A ($\Pi = 1,60$), B ($\Pi = 2,14$), C ($\Pi = 2,62$) und D ($\Pi = 3,00$) bei sechs Prozent OCR mit Angabe der erweiterten Standardmessunsicherheit für ein Konfidenzniveau von 2σ

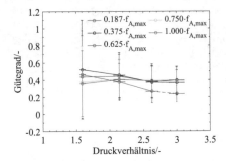

Abbildung D.2: Klemmengütegrad in Abhängigkeit von der relativen Drehzahl und des Verdich-tungsdruckverhältnisses für die Betriebspunkte A ($\Pi = 1,60$), B ($\Pi = 2,14$), C ($\Pi = 2,62$) und D ($\Pi = 3,00$) bei sechs Prozent OCR mit Angabe der erwei-terten Standardmessunsicherheit für ein Konfidenzniveau von 2σ

E Ergänzende Daten zur Validierung des Verdichtermodells

In diesem Teil des Anhangs werden weitere Gegenüberstellungen der Simulationsergebnisse des 0D-/1D-Simulationsmodells im Vergleich zu den experimentellen Ergebnissen angegeben. Die aufgeführten Darstellungen ergänzen die Gegenüberstellung der Ergebnisse des 0D-/1D-Simulationsmodells mit den experimentellen Ergebnissen nach Kapitel 6.

E.1 Kolbenringmodell

Abbildung E.1 zeigt die Simulationsergebnisse im Vergleich zu den experimentellen Ergebnissen für den Leckagemassenstrom (Blowby-Massenstrom) über die Kolbenringe am Zylinder.

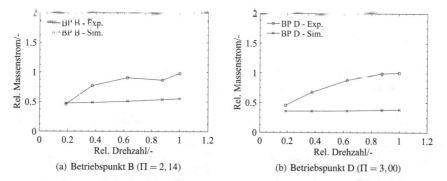

(a) Betriebspunkt B ($\Pi = 2,14$)   (b) Betriebspunkt D ($\Pi = 3,00$)

Abbildung E.1: Vergleich des Leckagemassenstromes an den Kolbenringen (relativer Blowby-Massenstrom) anhand der Simulationsergebnisse des 0D-/1D-Simulationsmodells gegenüber den experimentellen Ergebnissen für die Betriebspunkte B ($\Pi = 2,14$) und D ($\Pi = 3,00$) bei sechs Prozent OCR

© Springer Fachmedien Wiesbaden GmbH, ein Teil von Springer Nature 2018
M. König, *Verlustmechanismen in einem halbhermetischen PKW-CO$_2$-Axialkolbenverdichter*, AutoUni – Schriftenreihe 127, https://doi.org/10.1007/978-3-658-23002-9

Der simulativ ermittelte Spaltquerschnitt am Kolbenring ist in Abbildung E.2 dargestellt.

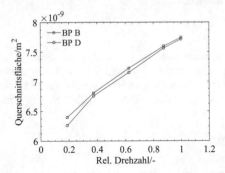

Abbildung E.2: Mittlerer effektiver Spaltquerschnitt am Kolbenring pro Zylinder anhand des
Kolbenringmodells des 0D-/1D-Simulationsmodells für die Betriebspunkte
B ($\Pi = 2, 14$) und D ($\Pi = 3, 00$)

E.2 Ventilmodell

Abbildung E.3 zeigt eine Gegenüberstellung der Ventilspätschlusscharakteristik für das Saugventil in Ergänzung zu den Betrachtungen nach Unterabschnitt 6.3.

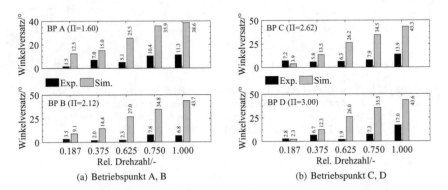

(a) Betriebspunkt A, B   (b) Betriebspunkt C, D

Abbildung E.3: Vergleich des Winkelversatzes für das Schließen des Saugventils (mit Referenz
Kolben-UT) aufgrund von Ventilspätschlüssen anhand der Simulationsergebnisse
des 0D-/1D-Simulationsmodells gegenüber den experimentellen Ergebnissen für
die Betriebspunkte A, B, C und D bei sechs Prozent OCR

E.3 Sauggasaufheizung

Weiterhin zeigt Abbildung E.4 eine Gegenüberstellung der anhand des Simulationsmodells erhaltenen Daten im Vergleich zu den experimentellen Ergebnissen.

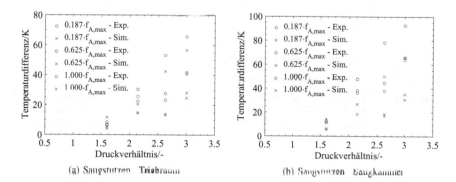

(a) Saugstutzen - Triebraum

(b) Saugstutzen - Saugkammer

Abbildung E.4: Vergleich der Aufheizung des Sauggases anhand der Simulationsergebnisse des 0D-/1D-Simulationsmodells gegenüber den experimentellen Ergebnissen für die Betriebspunkte A ($\Pi = 1,60$), B ($\Pi = 2,14$), C ($\Pi = 2,62$) und D ($\Pi = 3,00$) bei sechs Prozent OCR

E.4 Bewertungsgrößen

Die abschließend aufgeführten Abbildungen zeigen den kammerbezogenen Liefergrad, den Zylinderfüllgrad, den relativen Fördermassenstrom, die indizierte Leistung und die elektrische Leistung in Ergänzung zu den Untersuchungen nach Unterabschnitt 6.4. Es sind jeweils die Simulationsergebnisse anhand des 0D-/1D-Simulationsmodells den experimentellen Ergebnissen gegenübergestellt.

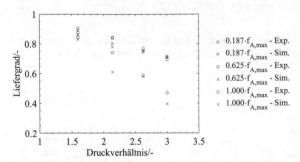

Abbildung E.5: Vergleich des kammerbezogenen Liefergrades anhand der Simulationsergebnisse des 0D-/1D-Simulationsmodells gegenüber den experimentellen Ergebnissen für die Betriebspunkte A ($\Pi = 1,60$), B ($\Pi = 2,14$), C ($\Pi = 2,62$) und D ($\Pi = 3,00$) bei sechs Prozent OCR

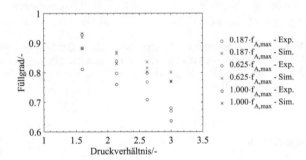

Abbildung E.6: Vergleich des Zylinderfüllgrades anhand der Simulationsergebnisse des 0D-/ 1D-Simulationsmodells gegenüber den experimentellen Ergebnissen für die Betriebspunkte A ($\Pi=1,60$), B ($\Pi = 2,14$), C ($\Pi = 2,62$) und D ($\Pi = 3,00$) bei sechs Prozent OCR

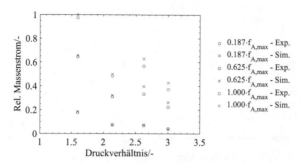

Abbildung E.7: Vergleich des Fördermassenstromes anhand der Simulationsergebnisse des 0D-/1D-Simulationsmodells gegenüber den experimentellen Ergebnissen für die Betriebspunkte A ($\Pi = 1,60$), B ($\Pi = 2,14$), C ($\Pi = 2,62$) und D ($\Pi = 3,00$) bei sechs Prozent OCR

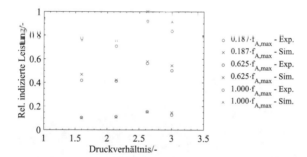

Abbildung E.8: Vergleich der indizierten Leistung anhand der Simulationsergebnisse des 0D-/1D-Simulationsmodells gegenüber den experimentellen Ergebnissen für die Betriebspunkte A ($\Pi = 1,60$), B ($\Pi = 2,14$), C ($\Pi = 2,62$) und D ($\Pi = 3,00$) bei sechs Prozent OCR

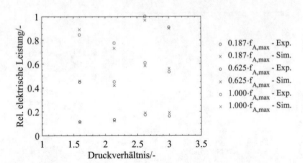

Abbildung E.9: Vergleich der elektrischen Leistung anhand der Simulationsergebnisse des
0D-/1D-Simulationsmodells gegenüber den experimentellen Ergebnissen für die
Betriebspunkte A ($\Pi = 1,60$), B ($\Pi = 2,14$), C ($\Pi = 2,62$) und D ($\Pi = 3,00$) bei
sechs Prozent OCR

Printed in the United States
By Bookmasters